U0227478

电 磁 之 美

——麦克斯韦方程之美学鉴赏

盛新庆 著

科学出版社

北京

内 容 简 介

　　阐述知识之抽象演过程是传达知识之美的有效途径之一。本书尝试阐述电磁波理论之起源与演化，非静态讲述电磁波理论之内容。这包括如何通过特殊视角之考察、概念之抽象、数学之运用，构建出麦克斯韦方程，演化出平面电磁波形象与波导传输模式，电磁波辐射与散射机理，以及如何控制电磁波传播与吸收等重要结论，从而展示出电磁波理论演化中所用思想、抽象、数学的简洁与力量之美，以滋润心灵，孕育创造力。

　　本书可供物理以及其他理工科的本科生、研究生、科研人员使用，也可以作为科普读物供大家参考。

图书在版编目（CIP）数据

电磁之美：麦克斯韦方程之美学鉴赏/盛新庆著. —北京：科学出版社，2019.7
　ISBN 978-7-03-061442-1

Ⅰ. ①电⋯　Ⅱ. ①盛⋯　Ⅲ. ①麦克斯韦尔方程-研究　Ⅳ. ①O175.27

中国版本图书馆 CIP 数据核字（2019）第 108836 号

责任编辑：刘凤娟　田轶静 / 责任校对：杨　然
责任印制：吴兆东 / 封面设计：无极书装

科 学 出 版 社 出版
北京东黄城根北街 16 号
邮政编码：100717
http://www.sciencep.com

中煤（北京）印务有限公司印刷
科学出版社发行　各地新华书店经销
*
2019 年 7 月第 一 版　开本：720×1000 1/16
2024 年 9 月第五次印刷　印张：9　插页：1
字数：174 000
定价：49.00 元
(如有印装质量问题，我社负责调换)

序

美学大家朱光潜先生在《谈美》中曾说：对于一棵古松可以有三种态度。第一种是关心这棵古松值多少钱，这是木商的实用态度；第二种是关心古松怎么才能长好，这是植物学家的科学态度；第三种是欣赏古松苍翠的颜色、昂然高举的气概，这是艺术家的美学态度。前两种态度都有实际的功用，往往受人重视，第三种态度因为没有实际的功用，常被忽视。但实际上很重要，尤其是在物质极其丰富，科学如此发达的今天。因为前两种态度无及于心灵，而只有美学态度才能慰藉、养护心灵，给精神加油、生命充电。美学是精神食粮。德国美学家席勒在《美育书简》中说："审美教育是实现人的自由的唯一途径。"

以往审美教育一般只存在于艺术教育之中，极少在理工科目中论及。是理工科目中不存在美吗？稍有经验的人都会给出否定的回答。因为实际上我们常常会被数学证明的精妙构思、物理阐释的简洁明了、工程技术的巧妙精益所叹服。这种叹服就是一种美感体验。所以理工科目中不是不存在美，而是我们较少用美学态度去审视、传授理工知识。当我们不注重知识的构建过程，只关注最终结果的时候，知识就变得冷冰冰，不仅激不起我们的兴趣，而且往往会成为我们理解的困难、记忆的负担。实际上，知识都含美，也许知识的本质就是美。因为知识是人创造的，而人创造知识的最重要动力之一就是美。伟大的数学家赫尔曼·外尔曾说："我的工作总是试图把真与美统一，当我必须两者择一时，我通常是选择美。"因此，我们没能感受知识之美，不是知识没有美，而是我们没有用美学视角去审视。当今人才培养强调"三位一体"(价值塑造、能力培养、知识传授),审美教育或许就是价值塑造的核心内容。

那么如何传授理工知识之美呢?我们不妨分析一下理工知识之美与艺术之美的异同。相同在于都能引起人的共鸣;不同在于引起共鸣的方式。艺术之美更多的是艺术形象的直觉,诸如绘画中的色彩、书法中的线条、音乐中的节奏、文学中的人物形象;理工知识之美更多的是抽象过程的体验,诸如数理中的化繁为简、演绎出新、聚焦成形。因此,传授理工知识之美的根本在于展示其抽象过程,或者说其创建过程,仅仅展示知识本身是远远不够的。

重温或者虚构理工知识抽象过程是感受理工知识之美的有效途径。本书以电磁理论为例,展示电磁理论的创建过程,感受其美,以育心灵,孕育创造力。

大致而言,本书是用新观点阐释旧材料。有别于其他电磁书籍的地方有:① 尽量阐明物理概念和数学运算的思想来源,以及所展示的力量之美;② 以新的方式论证旧的结论,尽量使过程更具美感,譬如波导纵向场满足标量亥姆霍兹方程的论证、波导模式传输线分析模型的论证、矢量基尔霍夫公式的论证、德拜势的论证、完全匹配吸收层的论证;③ 删除了一些通常电磁书籍中的知识点,增补了一些很有美感,但一般电磁书籍很少介绍的材料,譬如用梯度推导不同坐标系单位矢量的变换关系、近年来发明的变换空间麦克斯韦方程。

目　　录

第 1 章　麦克斯韦方程

英国科学期刊《物理世界》曾让读者投票评选出了十个最美公式, 位于榜首的就是下面这组麦克斯韦方程:

$$\nabla \cdot \boldsymbol{D} = \rho \tag{1.1}$$

$$\nabla \cdot \boldsymbol{B} = 0 \tag{1.2}$$

$$\nabla \times \boldsymbol{H} = \frac{\partial \boldsymbol{D}}{\partial t} + \boldsymbol{J} \tag{1.3}$$

$$\nabla \times \boldsymbol{E} = -\frac{\partial \boldsymbol{B}}{\partial t} \tag{1.4}$$

这里, $\boldsymbol{E}$ 是电场强度, $\boldsymbol{D}$ 是电位移矢量, 在真空中它们有很简单的关系式 $\boldsymbol{D} = \varepsilon_0 \boldsymbol{E}$ (ε_0 是真空介电常数, $\varepsilon_0 = 8.8541878178 \times 10^{-12}\ \mathrm{C}^2/(\mathrm{N} \cdot \mathrm{m}^2)$); $\boldsymbol{H}$ 是磁场强度, $\boldsymbol{B}$ 是磁感应强度, 在真空中它们也有很简单的关系式 $\boldsymbol{B} = \mu_0 \boldsymbol{H}$ (μ_0 是真空磁导率, $\mu_0 = 4\pi \times 10^{-7}\ \mathrm{N/A}^2$); $\partial \boldsymbol{D}/\partial t$ 项是麦克斯韦的发明, 被称为**位移电流**(displacement current); ρ 是电荷密度, $\boldsymbol{J}$ 是电流密度, $\boldsymbol{M}$ 是磁流密度。

这组方程对称简洁, 形式优美, 深入其内, 博大精深。如果能展示其抽象建立过程, 或许可洞察创新之源, 播下创新之火。

下面就让我们重温这组方程的抽象建立之路。

1.1　麦克斯韦方程之源

麦克斯韦方程来源于以下三个从实验中总结出来的定律。

库仑定律：在真空中，两个静止的点电荷 q_1 和 q_2 之间的相互作用力的大小和 q_1，q_2 的乘积成正比，和它们之间的距离 r_{12} 的平方成反比；作用力的方向沿着它们的连线，同号电荷相斥，异号电荷相吸。即

$$\boldsymbol{F}_{12} = \frac{1}{4\pi\varepsilon_0}\frac{q_1 q_2}{r_{12}^2}\hat{\boldsymbol{r}}_{12} \tag{1.5}$$

式中，q_1 和 q_2 是两个静止点电荷的电量；$\boldsymbol{F}_{12}$ 是 q_1 对 q_2 的作用力；$\hat{\boldsymbol{r}}_{12}$ 是从 q_1 指向 q_2 的单位距离矢量。此定律与牛顿的万有引力定律的形式极其相似。

毕奥–萨伐尔定律：两个电流元 $I_1\mathrm{d}\boldsymbol{l}_1$ 和 $I_2\mathrm{d}\boldsymbol{l}_2$ 存在相互作用力，电流元 $I_1\mathrm{d}\boldsymbol{l}_1$ 对 $I_2\mathrm{d}\boldsymbol{l}_2$ 的作用力可表示为

$$\mathrm{d}\boldsymbol{F}_{12} = \frac{\mu_0}{4\pi}\frac{I_2\mathrm{d}\boldsymbol{l}_2 \times (I_1\mathrm{d}\boldsymbol{l}_1 \times \hat{\boldsymbol{r}}_{12})}{r_{12}^2} \tag{1.6}$$

法拉第电磁感应定律：一个闭合回路磁通量随时间的变化率等于在回路中产生的感应电动势，即

$$\varepsilon_{\mathrm{EMF}} = -\frac{\mathrm{d}\psi}{\mathrm{d}t} = -\frac{\mathrm{d}}{\mathrm{d}t}\int_S \boldsymbol{B}\cdot\mathrm{d}\boldsymbol{S} \tag{1.7}$$

这里，$\varepsilon_{\mathrm{EMF}}$[①]是感应电动势；$\psi$ 是磁通量。

三个定律表述清晰，但是并不统一。库仑定律和毕奥–萨伐尔定律是从产生作用力的角度表述的；法拉第电磁感应定律是从产生感应电动势的角度表述的。它们似乎并不构成一个有机整体。

1.2　概 念 提 炼

建立电磁理论就是用更简洁、更统一的方式表述上述三大定律。

---

① $\varepsilon_{\mathrm{EMF}}$ 的下标 EMF 是 electromotive force 的简写，$\varepsilon_{\mathrm{EMF}} = \oint_L \boldsymbol{E}\cdot\mathrm{d}\boldsymbol{l}$。

为此，我们首先思考一个更具体的问题：为什么两个电荷之间有作用力？或者说两个电荷的作用机理是什么？这就需要想象、创造。我们可以给出各种各样的解释，其中一个比较简洁的解释就是：一个电荷在其周围产生电场，另一个电荷在电场中会受到力的作用。这样库仑定律就可表达为：一个电荷 q_1 在其周围产生的电场为

$$\boldsymbol{E} = \frac{1}{4\pi\varepsilon_0}\frac{q_1}{r_{12}^2}\hat{\boldsymbol{r}}_{12} \tag{1.8}$$

其单位为 V/m。另一个电荷 q_2 在此电场中所受作用力为

$$\boldsymbol{F}_{12} = q_2\boldsymbol{E} \tag{1.9}$$

在这个解释中，我们创造了或者说抽象出了"电场"这个重要概念，它成为解释两个电荷相互作用的关键。

仿照上述库仑定律的解释，我们可以解释毕奥-萨伐尔定律。一个电流元 $I_1\mathrm{d}\boldsymbol{l}_1$ 产生了磁场

$$\mathrm{d}\boldsymbol{B} = \frac{\mu_0}{4\pi}\frac{I_1\mathrm{d}\boldsymbol{l}_1 \times \hat{\boldsymbol{r}}_{12}}{r_{12}^2} \tag{1.10}$$

另一个电流元 $I_2\mathrm{d}\boldsymbol{l}_2$ 在磁场中受到力的作用

$$\mathrm{d}\boldsymbol{F}_{12} = I_2\mathrm{d}\boldsymbol{l}_2 \times \mathrm{d}\boldsymbol{B} \tag{1.11}$$

有了电场和磁场这两个重要概念，再加上我们知道感应电动势是电场引起的，因此法拉第电磁感应定律可以解释为：变化的磁场可以产生电场。

通过上述创造性构想，我们可以认为电磁现象的本质是电场、磁场，以及它们之间的相互转化。由此可猜测，用电场与磁场概念可以更统一、更简洁地表述上述三个定律。

1.3　数 学 工 具

　　既然已经创建了电场和磁场的概念，那么下一步就是要发明相应的数学运算，以便准确、简洁地表述这些概念的特征。由库仑定律可以知道，电荷产生了电场，因此我们需要一个运算以表述电荷与电场之间的关系。既然电场是由电荷产生的，那么在包围电荷的封闭曲面上，电场强度的法向面积分就很有可能与电荷之间存在一种关系，为此我们定义下面通量概念，即电场强度 $\boldsymbol{E}$ 的通量定义为

$$\phi \triangleq \oint_S \boldsymbol{E} \cdot \mathrm{d}\boldsymbol{S} \tag{1.12}$$

　　为了表述每一点处电场强度与电荷密度之间的关系，我们引入微积分，建立散度运算。电场强度 $\boldsymbol{E}$ 在点 P 处的散度定义为

$$\nabla \cdot \boldsymbol{E} \triangleq \lim_{\Delta V \to 0} \frac{\phi}{\Delta V} \tag{1.13}$$

这里，点 P 是在面 S 包围的体积 ΔV 之内。根据这个定义，不难得到下面矢量运算中的高斯定理 (证明见第 2 章):

$$\int_V \nabla \cdot \boldsymbol{E} \mathrm{d}V = \oint_S \boldsymbol{E} \cdot \mathrm{d}\boldsymbol{S} \tag{1.14}$$

　　那么，这个散度运算是否适用于表述磁场强度与电流密度之间的关系呢? 回答是否定的, 因为电流产生的磁场与电荷产生的电场很不一样。电流产生的磁场是环绕电流，为此我们定义下面的环量，即磁场强度 $\boldsymbol{H}$ 沿着环路 L 的环量定义为

$$\varphi \triangleq \oint_L \boldsymbol{H} \cdot \mathrm{d}\boldsymbol{l} \tag{1.15}$$

同样，为了表述每一点处磁场强度与电流密度之间的关系，我们引入微积分，建立旋度运算。注意围绕一点可以有不同朝向的环路，且不同朝向环路的环量大小不同。我们把环量最大的那个环路朝向称为旋度方向。这样任何一个朝向的环路环量就是旋度方向的环路环量与这个朝向单位矢量的点乘，因此，磁场强度 $\boldsymbol{H}$ 在点 P 处的旋度可定义为

$$\hat{\boldsymbol{n}} \cdot \nabla \times \boldsymbol{H} \triangleq \lim_{\Delta S \to 0} \frac{\varphi}{\Delta S} \tag{1.16}$$

这里，$\hat{\boldsymbol{n}}$ 表示环路所在面的法向单位矢量，其朝向与环量积分方向形成右手螺旋。根据这个定义，不难得到下面的斯托克斯定理 (证明见第 2 章):

$$\int_S \nabla \times \boldsymbol{H} \mathrm{d}\boldsymbol{S} = \oint_L \boldsymbol{H} \cdot \mathrm{d}\boldsymbol{l} \tag{1.17}$$

1.4 麦克斯韦方程的构建

利用上述创造的机理模型和发明的数学运算，三大定律便可更准确、更简洁、更统一地表达出来。

将式 (1.8) 代入通量定义式 (1.12) 得

$$\phi \triangleq \oint_S \frac{1}{4\pi\varepsilon_0} \frac{q_1}{r_{12}^2} \hat{\boldsymbol{r}}_{12} \cdot \mathrm{d}\boldsymbol{S} = \frac{q_1}{\varepsilon_0} \tag{1.18}$$

两边同除以封闭曲面所围体积，并让体积趋近于零，依据散度定义，便有

$$\nabla \cdot \boldsymbol{E} = \frac{\rho}{\varepsilon_0} \tag{1.19}$$

式 (1.19) 只在真空中成立，因为库仑定律是在真空下得到的。介质在电场作用下会产生极化电场 $\boldsymbol{P}$，将极化电场和原电场之和，即 $\varepsilon_0 \boldsymbol{E} + \boldsymbol{P}$，视为一个新的物理量——电位移矢量 $\boldsymbol{D}$，这样就有下列在任意介质中都成立的方程:

$$\nabla \cdot \boldsymbol{D} = \rho \tag{1.20}$$

在真空中 $D = \varepsilon_0 E$。在其他介质中它们的关系可根据材料结构模型建立或依据测试结果确定。式 (1.20) 就是麦克斯韦方程组中的第 1 个方程式 (1.1)。

再看法拉第电磁感应定律。利用斯托克斯公式 (1.17)，法拉第电磁感应定律式 (1.7) 左边可表示成

$$\varepsilon_{\mathrm{EMF}} = \oint_L E \cdot \mathrm{d}l = \int_S \nabla \times E \cdot \mathrm{d}S \tag{1.21}$$

这样式 (1.7) 就变成

$$\int_S \nabla \times E \cdot \mathrm{d}S = -\frac{\mathrm{d}}{\mathrm{d}t} \int_S B \cdot \mathrm{d}S \tag{1.22}$$

于是就有

$$\nabla \times E = -\frac{\partial B}{\partial t} \tag{1.23}$$

这样就得到了麦克斯韦方程组中的第 4 个方程式 (1.4)。

利用上述场的观念，毕奥-萨伐尔定律便可等效于安培定律，也就是，磁场强度沿任何闭合环路 L 的线积分，等于穿过这个环路所有电流的代数和，即

$$\oint_L H \cdot \mathrm{d}l = \sum_I \tag{1.24}$$

其中，电流的正负规定如下：当穿过回路 L 的电流方向与回路 L 的环绕方向服从右手定则时，I 为正；反之，为负。两边同除以环路所围面积，并让面积趋近零，依据旋度定义，便有

$$\hat{n} \cdot \nabla \times H = \hat{n} \cdot J \tag{1.25}$$

即

$$\nabla \times H = J \tag{1.26}$$

比较式 (1.23) 和式 (1.26)，这两个方程似乎都不完备。式 (1.23) 右边缺了磁流项，式 (1.26) 右边缺了随时间变化的电场项。现实中至今没有发现磁流，但是随时间变化的电场却无处不在。因此，麦克斯韦自然地引入位移电流 $\dfrac{\partial \boldsymbol{D}}{\partial t}$，并将其加入式 (1.26)，于是就得到了

$$\nabla \times \boldsymbol{H} = \frac{\partial \boldsymbol{D}}{\partial t} + \boldsymbol{J} \tag{1.27}$$

这就是麦克斯韦方程组中的第 3 个方程式 (1.3)。麦克斯韦方程组中的第 2 个方程式 (1.2) 并不独立，它可以由式 (1.4) 推导得到，只要将式 (1.4) 两边同取散度便得。至此，统一、简洁的麦克斯韦方程组式 (1.1)∼式 (1.4) 便从三大实验电磁定律中建立了。

1.5 麦克斯韦方程的完备性

麦克斯韦方程是一组高度统一、简洁的矢量偏微分方程组。作为一个电磁理论，还必须考虑这组方程的完备性。换言之，所有的电磁问题，是否利用这组方程都能解决？本节将考虑此问题。

1.5.1 本构关系

显然，上述式 (1.1)∼式 (1.4) 还不足以完全表述电磁场在介质中的规律，因为 $\boldsymbol{D}$ 和 $\boldsymbol{E}$，$\boldsymbol{B}$ 和 $\boldsymbol{H}$ 的关系还是未知的。实验表明在很多介质中有

$$\boldsymbol{D} = \varepsilon_0 \varepsilon_{\mathrm{r}} \boldsymbol{E} \tag{1.28}$$

$$\boldsymbol{B} = \mu_0 \mu_{\mathrm{r}} \boldsymbol{H} \tag{1.29}$$

$$\boldsymbol{J}_{\mathrm{e}} = \sigma \boldsymbol{E} \tag{1.30}$$

这里，ε_r 称为介质的相对介电常数；μ_r 称为介质的相对磁导率；σ 称为介质的电导率。式 (1.28)～ 式 (1.30) 统称为介质的**本构关系**。如果介质中这些本构参数随空间位置而变，则此类介质称为非均匀介质；反之，则为均匀介质。如果介质中这些本构参数是频率的函数，则此类介质称为**色散介质**，如等离子体、水、生物肌体组织和雷达吸波材料；反之，则为非色散介质。如果介质中这些本构参数是张量形式，则此类介质称为**各向异性介质**，如等离子体的介电常数、铁氧体中的磁导率都是张量。当然也有些介质的本构关系更复杂，不能写成式 (1.28)～ 式 (1.30) 的形式，如手征介质，这种介质中的电位移矢量不仅与电场强度有关，而且还与磁场强度有关；磁感应强度不仅与磁场强度有关，也与电场强度有关。

1.5.2 边界条件

从数学求解偏微分方程的角度来看，纵使有描述电磁问题的麦克斯韦方程组式 (1.1)～ 式 (1.4) 以及反映区域中介质特征的本构关系式 (1.28)～ 式 (1.30)，电磁问题还是不能求解的。要求解电磁问题，还必须给出求解域以及场不连续处的边界条件。

1. 两种介质交界面的边界条件

1) 磁场强度 H 的边界条件

设两种介质的参数分别为 $\varepsilon_1, \mu_1, \sigma_1$ 和 $\varepsilon_2, \mu_2, \sigma_2$，交界面由介质 2 指向介质 1 的法向单位矢量为 $\hat{n}$，$\hat{t}$ 为沿交界面的切向单位矢量，如图 1.1 所示。

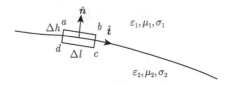

图 1.1　边界条件的线积分回路示意图

跨过交界面，取一微小矩形回路 $abcda$，其宽边 $|ab| = |cd| = \Delta l$ 很小，其所截交界面元可以看作是一直线段。令小矩形回路宽边与所截交界面元的 $\hat{t}$ 平行，高 $|bc| = |da| = \Delta h \to 0$。将麦克斯韦方程式 (1.3) 的积分形式应用于此矩形回路，得

$$
\oint_{abcda} \boldsymbol{H} \cdot \mathrm{d}\boldsymbol{l} = \int_a^b \boldsymbol{H} \cdot \mathrm{d}\boldsymbol{l} + \int_b^c \boldsymbol{H} \cdot \mathrm{d}\boldsymbol{l} + \int_c^d \boldsymbol{H} \cdot \mathrm{d}\boldsymbol{l} + \int_d^a \boldsymbol{H} \cdot \mathrm{d}\boldsymbol{l}
$$

$$
= \int_S \boldsymbol{J} \cdot \mathrm{d}\boldsymbol{s} + \int_S \frac{\partial \boldsymbol{D}}{\partial t} \cdot \mathrm{d}\boldsymbol{s} \tag{1.31}
$$

式中，$\hat{s} = \hat{n} \times \hat{t}$ 的方向与 $abcda$ 回路呈右手螺旋关系。由于 $|bc| = |da| = \Delta h \to 0$，$\boldsymbol{H}$ 又为有限量，所以上式变为

$$
\oint_{abcda} \boldsymbol{H} \cdot \mathrm{d}\boldsymbol{l} = \int_a^b \boldsymbol{H} \cdot \mathrm{d}\boldsymbol{l} + \int_c^d \boldsymbol{H} \cdot \mathrm{d}\boldsymbol{l}
$$

$$
= \lim_{\Delta h \to 0} \left(\int_S \boldsymbol{J} \cdot \mathrm{d}\boldsymbol{s} + \int_S \frac{\partial \boldsymbol{D}}{\partial t} \cdot \mathrm{d}\boldsymbol{s} \right) \tag{1.32}
$$

式中，

$$
\lim_{\Delta h \to 0} \int_S \boldsymbol{J} \cdot \mathrm{d}\boldsymbol{s} = \lim_{\Delta h \to 0} \int_S \boldsymbol{J} \cdot \left(\hat{n} \times \hat{t} \Delta h \right) \mathrm{d}l
$$

$$
= \int_{\Delta l} \boldsymbol{J}_S \cdot \left(\hat{n} \times \hat{t} \right) \mathrm{d}l \tag{1.33}
$$

且因为 $\partial \boldsymbol{D} / \partial t$ 为有限值，故有

$$
\lim_{\Delta h \to 0} \int_S \frac{\partial \boldsymbol{D}}{\partial t} \cdot \mathrm{d}\boldsymbol{s} = 0 \tag{1.34}
$$

因此，式 (1.32) 变为

$$
\int_{\Delta l} \left(\boldsymbol{H}_1 - \boldsymbol{H}_2 \right) \cdot \hat{t} \mathrm{d}l = \int_{\Delta l} \boldsymbol{J}_S \cdot \left(\hat{n} \times \hat{t} \right) \mathrm{d}l
$$

$$
= \int_{\Delta l} \hat{t} \cdot \left(\boldsymbol{J}_S \times \hat{n} \right) \mathrm{d}l \tag{1.35}
$$

故有

$$\boldsymbol{H}_1 - \boldsymbol{H}_2 = \boldsymbol{J}_S \times \hat{\boldsymbol{n}} \tag{1.36}$$

或更经常地写为

$$\hat{\boldsymbol{n}} \times (\boldsymbol{H}_1 - \boldsymbol{H}_2) = \boldsymbol{J}_S \tag{1.37}$$

可见，在存在面电流的交界面两端，磁场强度的切向分量是不连续的。

2) 电位移矢量 D 的边界条件

在两种介质交界面上作一个底面积 ΔS 足够小、高为 $\Delta h \to 0$ 的扁圆柱形闭合面，其一半在介质 1 中，一半在介质 2 中。由于扁圆柱底面积 ΔS 足够小，其所截交界面元可以看作是平面元。令圆柱底面与其所截交界面元平行，如图 1.2 所示。

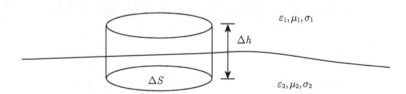

图 1.2　边界条件的面积分回路示意图

将积分形式麦克斯韦方程式 (1.1) 应用于此扁圆柱形闭合面，得

$$\oint_S \boldsymbol{D} \cdot \mathrm{d}\boldsymbol{S} = \int_{\mathrm{top}} \boldsymbol{D} \cdot \mathrm{d}\boldsymbol{S} + \int_{\mathrm{bottom}} \boldsymbol{D} \cdot \mathrm{d}\boldsymbol{S} + \int_{\mathrm{side}} \boldsymbol{D} \cdot \mathrm{d}\boldsymbol{S}$$
$$= \int_V \rho_V \cdot \mathrm{d}V = \int_{\Delta S} \rho_V \cdot \Delta h \cdot \mathrm{d}S \tag{1.38}$$

式中，ρ_V 表示体电荷密度，因为 $\Delta h \to 0$，D 为有限量，所以圆柱侧面对面积分贡献可以忽略，$\rho_V \cdot \Delta h = \rho_S$，这里 ρ_S 表示面电荷密度；又因为 ΔS 足够小，故上、下表面积分项可写为

$$\boldsymbol{D}_1 \cdot \hat{\boldsymbol{n}} \Delta S + \boldsymbol{D}_2 \cdot (-\hat{\boldsymbol{n}}) \Delta S = \rho_S \Delta S \tag{1.39}$$

即

$$(\boldsymbol{D}_1 - \boldsymbol{D}_2) \cdot \hat{\boldsymbol{n}} = \rho_S \tag{1.40}$$

这表明在存在面电荷的交界面两端电位移矢量的法向分量是不连续的。

3) 交界面边界条件小结

同理,应用麦克斯韦方程另外两个方程 (1.2)、(1.4) 的积分形式可得关于 $\boldsymbol{E}$ 和 $\boldsymbol{B}$ 的边界条件。总结起来,即

$$(\boldsymbol{E}_1 - \boldsymbol{E}_2) \times \hat{\boldsymbol{n}} = \boldsymbol{M}_S \tag{1.41}$$

$$\hat{\boldsymbol{n}} \times (\boldsymbol{H}_1 - \boldsymbol{H}_2) = \boldsymbol{J}_S \tag{1.42}$$

$$\hat{\boldsymbol{n}} \cdot (\boldsymbol{D}_1 - \boldsymbol{D}_2) = \rho_S \tag{1.43}$$

$$\hat{\boldsymbol{n}} \cdot (\boldsymbol{B}_1 - \boldsymbol{B}_2) = 0 \tag{1.44}$$

2. 导体交界面上的边界条件

很多实际电磁问题,求解域的边界近似为完全导体。因为完全导体中电磁场为零,且磁流实际上并不存在,故由式 (1.41)～ 式 (1.44) 可得下面常被使用的边界条件:

$$\hat{\boldsymbol{n}} \times \boldsymbol{E} = 0 \tag{1.45}$$

$$\hat{\boldsymbol{n}} \times \boldsymbol{H} = \boldsymbol{J}_S \tag{1.46}$$

$$\hat{\boldsymbol{n}} \cdot \boldsymbol{D} = \rho_S \tag{1.47}$$

$$\hat{\boldsymbol{n}} \cdot \boldsymbol{B} = 0 \tag{1.48}$$

1.6　麦克斯韦方程与三大定律之比较

麦克斯韦方程与三大定律源于同样的物理事实，但是麦克斯韦方程比三大定律更简洁、更统一。下面还会看到，麦克斯韦方程也更富有内涵。

从三大定律到麦克斯韦方程，是人类对简洁、统一追求的结果。简洁、统一是人性的一种自然需求。达·芬奇曾说，简洁是一种最高形式的美。

细细体味这个追求简洁、统一的过程，可以感受到：发现合适的观察角度，提炼和抽象出本质意义上的概念 (电场与磁场) 是极其重要的；同时，发明矢量分析阐述这些概念也很关键。下面将会看到，麦克斯韦方程在矢量分析的演绎下会孕育出更丰富、更清晰的内涵。矢量分析无疑是麦克斯韦方程的最佳语言，要想说好麦克斯韦方程就必须熟练这个语言。

第2章 麦克斯韦方程的语言——矢量分析

第 1 章已经展示了如何用矢量分析建立麦克斯韦方程。本章将展示如何将矢量分析这把刀磨得更为锋利,以便后续各章能完美地演绎出麦克斯韦方程的内涵。

2.1 ∇ 算子的计算公式

第 1 章已经给出了一个矢量场散度和旋度的定义。根据定义便可计算出任何一个矢量场在任何一点的散度和旋度,但是计算过程比较麻烦:前者需要首先计算一个封闭面的矢量场通量,然后除以这个封闭面所包区域的体积,最后让体积趋于零,求出极限;后者需要计算一个环路的矢量场环量,然后除以这个环路所包区域的面积,最后让面积趋于零,求出极限。对于任意矢量场,是否存在简单公式直接计算其散度和旋度,无须重复进行上述烦琐的计算呢? 答案是肯定的。这正是数学追求的目标:简洁、方便。

2.1.1 散度

下面我们就以直角坐标系为例,推导散度的计算公式。在直角坐标系下,我们考虑以 $P(x,y,z)$ 点为中心的长方体状的体积元,如图 2.1 所示。长方体的边长分别为 Δx, Δy, Δz,由定义中 $\Delta V \to 0$,不妨令 $\Delta x \to 0$, $\Delta y \to 0$, $\Delta z \to 0$。在这个前提下,一个面上的场积分可以用面上某一点的场值近似计算:

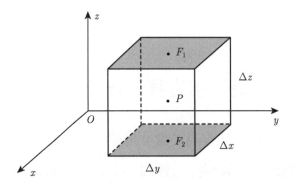

图 2.1　散度的计算

$$\int_S \boldsymbol{F} \cdot \mathrm{d}\boldsymbol{S} = \sum_{i=1}^{6} \int_{S_i} \boldsymbol{F} \cdot \mathrm{d}\boldsymbol{S} \approx \sum_{i=1}^{6} \boldsymbol{F}_i \cdot \mathrm{d}\boldsymbol{S}_i \qquad (2.1)$$

式中，$\boldsymbol{F}_i\,(i=1,2,\cdots,6)$ 分别是各个面上中点的场值。上下面 $(i=1,2)$
的场通量可写为

$$\sum_{i=1}^{2} \boldsymbol{F}_i \cdot \mathrm{d}\boldsymbol{S}_i = F_z|_{\left(x,y,z+\frac{\Delta z}{2}\right)} \cdot (\Delta x \Delta y) - F_z|_{\left(x,y,z-\frac{\Delta z}{2}\right)} \cdot (\Delta x \Delta y)$$

$$= \left(F_z|_{\left(x,y,z+\frac{\Delta z}{2}\right)} - F_z|_{\left(x,y,z-\frac{\Delta z}{2}\right)} \right) \cdot (\Delta x \Delta y) \qquad (2.2)$$

如果场函数是可微的，可以在 z 点对 $F_z|_{z+\Delta z/2}$ 和 $F_z|_{z-\Delta z/2}$ 应用泰勒
展开

$$F_z|_{\left(x,y,z+\frac{\Delta z}{2}\right)} = F_z|_{(x,y,z)} + \left.\frac{\partial F_z}{\partial z}\right|_{(x,y,z)} \frac{\Delta z}{2} + O\left(\Delta z^2\right) \qquad (2.3)$$

$$F_z|_{\left(x,y,z-\frac{\Delta z}{2}\right)} = F_z|_{(x,y,z)} + \left.\frac{\partial F_z}{\partial z}\right|_{(x,y,z)} \left(-\frac{\Delta z}{2}\right) + O\left(\Delta z^2\right) \qquad (2.4)$$

其中，$O\left(\Delta z^2\right)$ 表示 Δz^2 及更高阶项。将式 (2.3)、式 (2.4) 代入式 (2.2)，
可得

$$\sum_{i=1}^{2} \boldsymbol{F}_i \cdot \mathrm{d}\boldsymbol{S}_i = \left[F_z + \frac{\partial F_z}{\partial z}\left(\frac{\Delta z}{2}\right) + O\left(\Delta z^2\right) - F_z \right.$$

$$-\frac{\partial F_z}{\partial z}\left(-\frac{\Delta z}{2}\right) - O\left(\Delta z^2\right)\Bigg]_{(x,y,z)} \cdot (\Delta x \Delta y)$$

$$= \frac{\partial F_z}{\partial z}\bigg|_{(x,y,z)} \Delta x \Delta y \Delta z + \Delta x \Delta y O\left(\Delta z^2\right)$$

$$= \frac{\partial F_z}{\partial z}\bigg|_{P} \Delta x \Delta y \Delta z + \Delta x \Delta y O\left(\Delta z^2\right) \tag{2.5a}$$

同理可得左右面 ($i = 3, 4$) 和前后面 ($i = 5, 6$) 的通量

$$\sum_{i=3}^{4} \boldsymbol{F}_i \cdot \mathrm{d}\boldsymbol{S}_i = \frac{\partial F_y}{\partial y}\bigg|_{P} \Delta x \Delta y \Delta z + \Delta x \Delta z O\left(\Delta y^2\right) \tag{2.5b}$$

$$\sum_{i=5}^{6} \boldsymbol{F}_i \cdot \mathrm{d}\boldsymbol{S}_i = \frac{\partial F_x}{\partial x}\bigg|_{P} \Delta x \Delta y \Delta z + \Delta y \Delta z O\left(\Delta x^2\right) \tag{2.5c}$$

将式 (2.5) 代入式 (2.1)，可得

$$\int_S \boldsymbol{F} \cdot \mathrm{d}\boldsymbol{S} = \sum_{i=1}^{6} \boldsymbol{F}_i \cdot \mathrm{d}\boldsymbol{S}_i$$

$$= \left\{ \left(\frac{\partial F_x}{\partial x} + \frac{\partial F_y}{\partial y} + \frac{\partial F_z}{\partial z}\right)_P + [O\left(\Delta x\right) + O(\Delta y)\right.$$

$$\left. + O\left(\Delta z\right)] \right\} \Delta x \Delta y \Delta z \tag{2.6}$$

将式 (2.6) 代入散度的定义式 (1.13)，并由 ($\Delta x \to 0$, $\Delta y \to 0$, $\Delta z \to 0$) 以及

$$\Delta V = \Delta x \Delta y \Delta z \tag{2.7}$$

得

$$\nabla \cdot \boldsymbol{F}|_P \overset{\Delta}{=} \lim_{\Delta V \to 0} \frac{1}{\Delta V} \oint_S \boldsymbol{F} \cdot \mathrm{d}\boldsymbol{S}\bigg|_P$$

$$= \lim_{\Delta V \to 0} \frac{\Delta x \Delta y \Delta z}{\Delta V} \left\{ \left(\frac{\partial F_x}{\partial x} + \frac{\partial F_y}{\partial y} + \frac{\partial F_z}{\partial z}\right)_P \right.$$

$$\left. + [O\left(\Delta x\right) + O\left(\Delta y\right) + O\left(\Delta z\right)] \right\}$$

$$= \left(\frac{\partial F_x}{\partial x} + \frac{\partial F_y}{\partial y} + \frac{\partial F_z}{\partial z} \right)_P \tag{2.8a}$$

即得散度在直角坐标系下的计算表达式。同理可得下列散度在其他坐标系下的计算表达式。在柱坐标系下可表示成

$$\nabla \cdot \boldsymbol{F} = \frac{1}{\rho} \frac{\partial (\rho F_\rho)}{\partial \rho} + \frac{1}{\rho} \frac{\partial F_\phi}{\partial \phi} + \frac{\partial F_z}{\partial z} \tag{2.8b}$$

在球坐标系下可表示成

$$\nabla \cdot \boldsymbol{F} = \frac{1}{r^2} \frac{\partial (r^2 F_r)}{\partial r} + \frac{1}{r \sin \theta} \frac{\partial (\sin \theta F_\theta)}{\partial \theta} + \frac{1}{r \sin \theta} \frac{\partial F_\phi}{\partial \phi} \tag{2.8c}$$

2.1.2 旋度

下面以直角坐标系为例,来展示旋度计算公式的推导过程。根据旋度定义,旋度在 z 方向的分量可表示为 $\hat{z} \cdot \nabla \times \boldsymbol{F}$,具体定义为

$$\hat{z} \cdot \nabla \times \boldsymbol{F} \triangleq \lim_{\Delta S \to 0} \frac{\oint_L \boldsymbol{F} \cdot \mathrm{d}\boldsymbol{l}}{\Delta S} \tag{2.9}$$

注意,这里环路 L 的朝向是 z 方向,如图 2.2 所示。

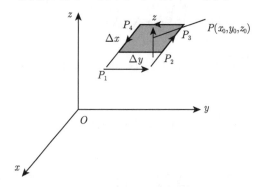

图 2.2 旋度计算示意图

式 (2.9) 中的环量在此情形下可展开为

$$\oint_L \boldsymbol{F} \cdot \mathrm{d}\boldsymbol{l} = \int_{P_1}^{P_2} F_y \mathrm{d}y - \int_{P_2}^{P_3} F_x \mathrm{d}x - \int_{P_3}^{P_4} F_y \mathrm{d}y + \int_{P_4}^{P_1} F_x \mathrm{d}x \tag{2.10}$$

因为

$$\int_{P_1}^{P_2} F_y \mathrm{d}y = F_y \left(x_0 + \Delta x/2, y_0, z_0\right) \Delta y$$

$$= F_y \left(x_0, y_0, z_0\right) \Delta y + \frac{\partial F_y}{\partial x} \frac{\Delta x}{2} \Delta y + O\left(\Delta x^2\right) \quad (2.11\mathrm{a})$$

$$\int_{P_2}^{P_3} F_x \mathrm{d}x = F_x \left(x_0, y_0 + \Delta y/2, z_0\right) \Delta x$$

$$= F_y \left(x_0, y_0, z_0\right) \Delta x + \frac{\partial F_x}{\partial y} \frac{\Delta y}{2} \Delta x + O\left(\Delta y^2\right) \quad (2.11\mathrm{b})$$

$$\int_{P_3}^{P_4} F_y \mathrm{d}y = F_y \left(x_0 - \Delta x/2, y_0, z_0\right) \Delta y$$

$$= F_y \left(x_0, y_0, z_0\right) \Delta y - \frac{\partial F_y}{\partial x} \frac{\Delta x}{2} \Delta y + O\left(\Delta x^2\right) \quad (2.11\mathrm{c})$$

$$\int_{P_4}^{P_1} F_x \mathrm{d}x = F_x \left(x_0, y_0 - \Delta y/2, z_0\right) \Delta x$$

$$= F_y \left(x_0, y_0, z_0\right) \Delta x - \frac{\partial F_x}{\partial y} \frac{\Delta y}{2} \Delta x + O\left(\Delta y^2\right) \quad (2.11\mathrm{d})$$

所以

$$\oint_L \boldsymbol{F} \cdot \mathrm{d}\boldsymbol{l} = \left(\frac{\partial F_y}{\partial x} - \frac{\partial F_x}{\partial y}\right) \Delta x \Delta y + O\left(\Delta x^2 \Delta y, \Delta x \Delta y^2\right) \qquad (2.12)$$

于是

$$\hat{z} \cdot \nabla \times \boldsymbol{F} \overset{\Delta}{=} \lim_{\Delta S \to 0} \frac{\oint_L \boldsymbol{F} \cdot \mathrm{d}\boldsymbol{l}}{\Delta S}$$

$$= \lim_{\Delta S \to 0} \frac{\oint_L \boldsymbol{F} \cdot \mathrm{d}\boldsymbol{l}}{\Delta x \Delta y} = \lim_{\Delta S \to 0} \left[\left(\frac{\partial F_y}{\partial x} - \frac{\partial F_x}{\partial y}\right) + O(\Delta x, \Delta y)\right]$$

$$= \left(\frac{\partial F_y}{\partial x} - \frac{\partial F_x}{\partial y}\right) \qquad (2.13\mathrm{a})$$

同理，可推导得到

$$\hat{y} \cdot \nabla \times \boldsymbol{F} = \frac{\partial F_z}{\partial x} - \frac{\partial F_x}{\partial z} \tag{2.13b}$$

$$\hat{x} \cdot \nabla \times \boldsymbol{F} = \frac{\partial F_z}{\partial y} - \frac{\partial F_y}{\partial z} \tag{2.13c}$$

为了便于记忆，旋度在直角坐标系下的计算公式可表示成

$$\nabla \times \boldsymbol{F} = \begin{vmatrix} \hat{\boldsymbol{x}} & \hat{\boldsymbol{y}} & \hat{\boldsymbol{z}} \\ \dfrac{\partial}{\partial x} & \dfrac{\partial}{\partial y} & \dfrac{\partial}{\partial z} \\ F_x & F_y & F_z \end{vmatrix} \tag{2.14a}$$

同理，可推导得到旋度在其他坐标系下的计算公式：

在柱坐标系下

$$\nabla \times \boldsymbol{F} = \frac{1}{\rho} \begin{vmatrix} \hat{\boldsymbol{\rho}} & \rho\hat{\boldsymbol{\phi}} & \hat{\boldsymbol{z}} \\ \dfrac{\partial}{\partial \rho} & \dfrac{\partial}{\partial \phi} & \dfrac{\partial}{\partial z} \\ F_\rho & \rho F_\phi & F_z \end{vmatrix} \tag{2.14b}$$

在球坐标系下

$$\nabla \times \boldsymbol{F} = \frac{1}{r^2 \sin\theta} \begin{vmatrix} \hat{\boldsymbol{r}} & r\hat{\boldsymbol{\theta}} & r\sin\theta\hat{\boldsymbol{\phi}} \\ \dfrac{\partial}{\partial r} & \dfrac{\partial}{\partial \theta} & \dfrac{\partial}{\partial \phi} \\ F_r & rF_\theta & r\sin\theta F_\phi \end{vmatrix} \tag{2.14c}$$

2.1.3　梯度

很多时候，为了便于推导，需要将矢量场表示成一个标量场的某种运算。为此，我们给一个标量场 V，定义一个称为梯度的新算子，记为 ∇V。∇V 为矢量，其大小为 V 的最大变化率，方向为 V 的最大递增方

向。根据梯度定义，我们可以知道 V 在任何一个方向 $\hat{l}$ 的变化率可以表示成

$$\frac{\partial V}{\partial l} = \nabla V \cdot \hat{l} \tag{2.15}$$

由此可知 ∇V 在 x, y, z 三个方向的分量分别为

$$\nabla V \cdot \hat{\boldsymbol{x}} = \frac{\partial V}{\partial x}, \quad \nabla V \cdot \hat{\boldsymbol{y}} = \frac{\partial V}{\partial y}, \quad \nabla V \cdot \hat{\boldsymbol{z}} = \frac{\partial V}{\partial z} \tag{2.16}$$

所以在直角坐标系下

$$\nabla V = \frac{\partial V}{\partial x} \hat{\boldsymbol{x}} + \frac{\partial V}{\partial y} \hat{\boldsymbol{y}} + \frac{\partial V}{\partial z} \hat{\boldsymbol{z}} \tag{2.17a}$$

不难知道，在柱坐标系下

$$\nabla V = \frac{\partial V}{\partial \rho} \hat{\boldsymbol{\rho}} + \frac{\partial V}{\rho \partial \phi} \hat{\boldsymbol{\phi}} + \frac{\partial V}{\partial z} \hat{\boldsymbol{z}} \tag{2.17b}$$

在球坐标系下

$$\nabla V = \frac{\partial V}{\partial r} \hat{\boldsymbol{\rho}} + \frac{\partial V}{r \partial \theta} \hat{\boldsymbol{\theta}} + \frac{\partial V}{r \sin \theta \partial \phi} \hat{\boldsymbol{\phi}} \tag{2.17c}$$

2.2 不同坐标系下矢量的转换

不同坐标系下矢量场表达式的计算、繁简很不相同。为了便于计算，为了得到更为简洁的表达式，矢量场表达式常常需要在不同坐标系下转换。

譬如，矢量 $\boldsymbol{A}$ 在直角坐标系下表示为 $\boldsymbol{A} = \hat{\boldsymbol{x}} A_x + \hat{\boldsymbol{y}} A_y + \hat{\boldsymbol{z}} A_{z\_\text{rect}}$，如何转换成圆柱坐标系下的形式：$\boldsymbol{A} = \hat{\boldsymbol{\rho}} A_\rho + \hat{\boldsymbol{\phi}} A_\phi + \hat{\boldsymbol{z}} A_{z\_\text{cyl}}$。很容易知道，这两种表述的 z 分量是相同的。

由图 2.3 可知

$$\begin{aligned} \hat{\boldsymbol{x}} &= \hat{\boldsymbol{\rho}} \cos \phi - \hat{\boldsymbol{\phi}} \sin \phi \\ \hat{\boldsymbol{y}} &= \hat{\boldsymbol{\rho}} \sin \phi + \hat{\boldsymbol{\phi}} \cos \phi \end{aligned} \tag{2.18}$$

故

$$\hat{\boldsymbol{x}} A_x + \hat{\boldsymbol{y}} A_y = \left(\hat{\boldsymbol{\rho}} \cos \phi - \hat{\boldsymbol{\phi}} \sin \phi \right) A_x + \left(\hat{\boldsymbol{\rho}} \sin \phi + \hat{\boldsymbol{\phi}} \cos \phi \right) A_y$$

$$= \hat{\boldsymbol{\rho}} \left(A_x \cos \phi + A_y \sin \phi \right) + \hat{\boldsymbol{\phi}} \left(-A_x \sin \phi + A_y \cos \phi \right)$$

$$= \hat{\boldsymbol{\rho}} A_\rho + \hat{\boldsymbol{\phi}} A_\phi \tag{2.19}$$

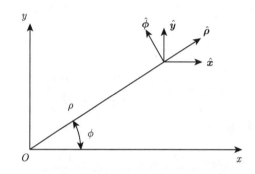

图 2.3   圆柱坐标系和直角坐标系的坐标基矢量转换

　　由上面的转换例子可知，矢量场表达式在不同坐标系下的转换，关键在于不同坐标系的基矢量转换，即上面例子中的式 (2.18)。上述推导的单位矢量转换公式利用的是几何图形。在坐标系图形复杂的情况下，往往不易得到。下面介绍一种更为通用的代数方法。我们知道

$$x = \rho \cos \phi \tag{2.20a}$$

$$y = \rho \sin \phi \tag{2.20b}$$

　　对式 (2.20a) 两边求梯度，左边在直角坐标系下做，右边在柱坐标系下做，即可得到

$$\hat{\boldsymbol{x}} = \hat{\boldsymbol{\rho}} \cos \phi - \hat{\boldsymbol{\phi}} \sin \phi \tag{2.21a}$$

同样，对式 (2.20b) 两边求梯度即可得到

$$\hat{\boldsymbol{y}} = \hat{\boldsymbol{\rho}} \sin \phi + \hat{\boldsymbol{\phi}} \cos \phi \tag{2.21b}$$

思 考 题

考虑如下的坐标转换关系:

$$x = R \sin\theta \cos\phi = R \cos\alpha$$

$$y = R \sin\theta \sin\phi = R \sin\alpha \cos\beta$$

$$z = R \cos\theta = R \sin\alpha \sin\beta$$

试用单位坐标基矢量 $\left(\hat{\boldsymbol{R}}, \hat{\boldsymbol{\alpha}}, \hat{\boldsymbol{\beta}} \right)$ 表示单位坐标基矢量 $\left(\hat{\boldsymbol{R}}, \hat{\boldsymbol{\theta}}, \hat{\boldsymbol{\phi}} \right)$。

2.3 矢量恒等式

一方面, 矢量及其算子是构建电磁理论的强有力工具。另一方面, 利用电磁理论解决问题, 也需要熟练掌握矢量及其算子的运算规则与技巧。矢量恒等式是理解、简化矢量运算的关键。下面列出了一些常用的矢量恒等式。首先看两个只涉及矢量运算的恒等式, 它们依据矢量点乘和叉乘的定义不难证明:

$$\boldsymbol{a} \cdot (\boldsymbol{b} \times \boldsymbol{c}) = \boldsymbol{c} \cdot (\boldsymbol{a} \times \boldsymbol{b}) = \boldsymbol{b} \cdot (\boldsymbol{c} \times \boldsymbol{a}) \tag{2.22}$$

$$\boldsymbol{a} \times (\boldsymbol{b} \times \boldsymbol{c}) = (\boldsymbol{a} \cdot \boldsymbol{c}) \boldsymbol{b} - (\boldsymbol{a} \cdot \boldsymbol{b}) \boldsymbol{c} \tag{2.23}$$

下面是两个反映梯度场和旋度场性质的重要恒等式:

$$\nabla \times (\nabla \boldsymbol{a}) = 0 \tag{2.24}$$

$$\nabla \cdot (\nabla \times \boldsymbol{a}) = 0 \tag{2.25}$$

分配律是运算中常常需要使用的性质。下面列出涉及算子分配律的一些恒等式。这些恒等式可以根据算子定义证明, 也可以遵循以下规则得到: 将 ∇ 先视为微分算符, 对被作用的函数求偏导; 后将 ∇ 视为矢量算符, 遵循矢量运算法则。

$$\nabla (ab) = a\nabla b + b\nabla a \tag{2.26}$$

$$\nabla \cdot (a\boldsymbol{b}) = \boldsymbol{b} \cdot (\nabla a) + a\nabla \cdot \boldsymbol{b} \tag{2.27}$$

$$\nabla \times (a\boldsymbol{b}) = a\nabla \times \boldsymbol{b} - \boldsymbol{b} \times \nabla a \tag{2.28}$$

$$\nabla \cdot (\boldsymbol{a} \times \boldsymbol{b}) = \boldsymbol{b} \cdot \nabla \times \boldsymbol{a} - \boldsymbol{a} \cdot \nabla \times \boldsymbol{b} \tag{2.29}$$

$$\nabla \times (\boldsymbol{a} \times \boldsymbol{b}) = \boldsymbol{a}\nabla \cdot \boldsymbol{b} - \boldsymbol{b}\nabla \cdot \boldsymbol{a} + (\boldsymbol{b} \cdot \nabla) \boldsymbol{a} - (\boldsymbol{a} \cdot \nabla) \boldsymbol{b} \tag{2.30}$$

$$\nabla (\boldsymbol{a} \cdot \boldsymbol{b}) = \boldsymbol{a} \times \nabla \times \boldsymbol{b} + \boldsymbol{b} \times \nabla \times \boldsymbol{a} + (\boldsymbol{a} \cdot \nabla) \boldsymbol{b} + (\boldsymbol{b} \cdot \nabla) \boldsymbol{a} \tag{2.31}$$

下面以式 (2.29) 来演示上述算子 ∇ 的运算规则。先利用 ∇ 的微分性把等式左端写为

$$\nabla \cdot (\boldsymbol{a} \times \boldsymbol{b}) = \nabla_a \cdot (\boldsymbol{a} \times \boldsymbol{b}) + \nabla_b \cdot (\boldsymbol{a} \times \boldsymbol{b}) \tag{2.32a}$$

其中, ∇_a 和 ∇_b 表示分别对矢量 $\boldsymbol{a}$ 和 $\boldsymbol{b}$ 求微分运算。再将 ∇ 看作一个矢量, 应用矢量恒等式 (2.22):

$$\nabla_a \cdot (\boldsymbol{a} \times \boldsymbol{b}) = \boldsymbol{b} \cdot (\nabla_a \times \boldsymbol{a}) \tag{2.32b}$$

$$\nabla_b \cdot (\boldsymbol{a} \times \boldsymbol{b}) = \boldsymbol{a} \cdot (\boldsymbol{b} \times \nabla_b) = -\boldsymbol{a} \cdot (\nabla_b \times \boldsymbol{b}) \tag{2.32c}$$

把式 (2.32b)、式 (2.32c) 代入式 (2.32a) 即得到式 (2.29)。

思　考　题

$\hat{\boldsymbol{r}}$ 为球坐标的单位基矢量, 利用式 (2.31) 证明: 对于常矢量 $\boldsymbol{F}$, 有

$$\nabla (\hat{\boldsymbol{r}} \cdot \boldsymbol{F}) = \frac{1}{r} \left(F_\theta \hat{\boldsymbol{\theta}} + F_\phi \hat{\boldsymbol{\phi}} \right) = -\frac{1}{r} (\boldsymbol{F} \times \hat{\boldsymbol{r}}) \times \hat{\boldsymbol{r}}$$

2.4 算子基本积分定理

微积分基本定理深刻揭示了微分和积分是一对互逆运算,可以相互转化。矢量算子同样有类似关系,揭示了矢量算子与积分之间的关系。

2.4.1 高斯散度定理

设 $\boldsymbol{F}$ 为可微矢量函数。利用散度的定义,在 $\Delta V \to 0$ 的前提下,有

$$\nabla \cdot \boldsymbol{F} \Delta V = \oint_S \boldsymbol{F} \cdot \mathrm{d}\boldsymbol{S} \tag{2.33}$$

那么对于任意一块体积 V,我们可以把它分割为许多很小 $(\Delta V_i \to 0)$ 的体积元

$$V = \sum_i \Delta V_i \tag{2.34}$$

则积分 $\int_V \nabla \cdot \boldsymbol{F} \mathrm{d}V$ 可写为

$$\int_V \nabla \cdot \boldsymbol{F} \mathrm{d}V = \sum_i \left(\nabla \cdot \boldsymbol{F}_i \Delta V_i \right) \tag{2.35}$$

对每一块体积元应用式 (2.33),得到

$$\int_V \nabla \cdot \boldsymbol{F} \mathrm{d}V = \sum_i \left(\nabla \cdot \boldsymbol{F}_i \Delta V_i \right) = \sum_i \left(\oint_{S_i} \boldsymbol{F}_i \cdot \mathrm{d}\boldsymbol{S} \right) \tag{2.36}$$

考虑相邻的两个体积元 ΔV_1 和 ΔV_2。如图 2.4 所示,它们各自的表面可以分成相互交接的内表面部分 S_{1-i},S_{2-i} 和不相交的外表面部分 S_{1-o},S_{2-o};且有 S_{1-i} 与 S_{2-i} 大小相等,法向方向相反。所以,

$$\sum_{i=1}^{2} \left(\oint_{S_i} \boldsymbol{F} \cdot \mathrm{d}\boldsymbol{S} \right) = \oint_{S_{1-i}} \boldsymbol{F} \cdot \mathrm{d}\boldsymbol{S} + \oint_{S_{1-o}} \boldsymbol{F} \cdot \mathrm{d}\boldsymbol{S}$$

$$+ \oint_{S_{2-i}} \boldsymbol{F} \cdot \mathrm{d}\boldsymbol{S} + \oint_{S_{2-o}} \boldsymbol{F} \cdot \mathrm{d}\boldsymbol{S}$$

$$= \oint_{S_{1-o}+S_{2-o}} \boldsymbol{F} \cdot \mathrm{d}\boldsymbol{S} \tag{2.37}$$

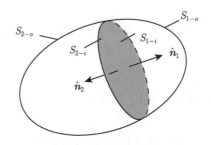

图 2.4　高斯定理中相邻的两个体积元

同理，考虑体积 V 包含的所有体积元的积分 $\sum\limits_{i}\left(\oint_{S_i} \boldsymbol{F}_i \cdot \mathrm{d}\boldsymbol{S} \right)$，不难知道，所有内部交界面上的积分都两两抵消，最后只剩下 V 的外表面 S 上的积分存留。所以，

$$\int_V \nabla \cdot \boldsymbol{F} \mathrm{d}V = \oint_S \boldsymbol{F}_i \cdot \mathrm{d}\boldsymbol{S} \tag{2.38}$$

这就是散度定理，也称高斯定理。这个定理是矢量分析中最重要的定理之一。利用此定理，结合下面的斯托克斯定理，很容易就看清了旋度场的散度为零。

2.4.2　斯托克斯定理

散度定理利用微积分的叠加性质和散度定义式，把体积分转化为面积分，降低了积分维度。同理，利用旋度的定义也可以实现面积分和线积分的转化。

考虑一个任意面积 S，其边界为 l。设 $\nabla \times \boldsymbol{F}$ 在 S 上存在定义，那么要求解 S 上的积分：$\int_S \nabla \times \boldsymbol{F} \mathrm{d}\boldsymbol{S}$，我们也可以把 S 划分为许多很小

的面元 $S = \sum\limits_i \Delta S_i$，且 $\Delta S_i \to 0$，并在每块面元上应用旋度定义得

$$\int_S \nabla \times \boldsymbol{F} \mathrm{d}\boldsymbol{S} = \sum_i \left(\int_{S_i} \nabla \times \boldsymbol{F} \mathrm{d}\boldsymbol{S} \right)$$
$$= \sum_i \left(\oint_{l_i} \boldsymbol{F} \cdot \mathrm{d}\boldsymbol{l} \right) \tag{2.39}$$

如图 2.5 所示，以两个相邻的面积元 ΔS_1 和 ΔS_2 为例，$\boldsymbol{F} \cdot \mathrm{d}\boldsymbol{l}$ 在它们的公共边 (即内部边界) 上的积分相互抵消。推广可得，$\boldsymbol{F} \cdot \mathrm{d}\boldsymbol{l}$ 在所有面积元内部边界上的积分的贡献为零。因此，

$$\int_S \nabla \times \boldsymbol{F} \mathrm{d}\boldsymbol{S} = \oint_l \boldsymbol{F} \cdot \mathrm{d}\boldsymbol{l} \tag{2.40}$$

上式也是矢量分析中最重要的定理之一，称为旋度定理，或称斯托克斯定理。利用此定理，就容易明白梯度场旋度为零的事实。

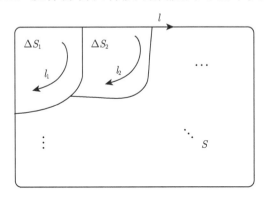

图 2.5 斯托克斯定理中相邻的两个面积元

2.4.3 格林定理

设 ψ 和 φ 为两个标量函数，且其在全部定义域上连续高阶可微。对矢量恒等式 $\nabla \cdot (\psi \nabla \varphi) = \psi \nabla^2 \varphi + \nabla \varphi \cdot \nabla \psi$ 应用高斯定理有

$$\int_V \left(\psi \nabla^2 \varphi + \nabla \varphi \cdot \nabla \psi \right) \mathrm{d}V = \oint_S (\psi \nabla \varphi) \cdot \mathrm{d}\boldsymbol{S} \tag{2.41}$$

等式右边还可以应用梯度的定义:

$$(\psi\nabla\varphi) \cdot \mathrm{d}\boldsymbol{S} = (\psi\nabla\varphi \cdot \hat{\boldsymbol{n}})\,\mathrm{d}S = \psi\frac{\partial\varphi}{\partial n}\mathrm{d}S \tag{2.42}$$

再次变形为

$$\int_V \left(\psi\nabla^2\varphi + \nabla\varphi \cdot \nabla\psi\right)\mathrm{d}V = \oint_S \psi\frac{\partial\varphi}{\partial n}\mathrm{d}S \tag{2.43}$$

式 (2.43) 称为**第一标量格林定理**。这个定理的好处是帮助我们把拉普拉斯算子中二阶的求导运算转化为一阶的求导运算。这个降阶的过程虽然在数学上是等价的,但是在实际利用计算机求解电磁问题时却非常有用,因为计算机在数值离散的过程中,高阶求导运算会带来很大的误差 (不稳定性/不收敛性)。而我们通过第一标量格林定理,把求导降阶至求整个体的一阶偏导数 (梯度运算) 与体表面的一阶偏导数运算,就避免了高阶求导。

在式 (2.43) 中对调 ψ 和 φ,得到

$$\int_V \left(\varphi\nabla^2\psi + \nabla\psi\right) \cdot \nabla\varphi\mathrm{d}V = \oint_S \varphi\frac{\partial\psi}{\partial n}\mathrm{d}S \tag{2.44}$$

将式 (2.43) 与式 (2.44) 相减得

$$\begin{aligned}
\int_V \left(\psi\nabla^2\varphi - \varphi\nabla^2\psi\right)\mathrm{d}V &= \oint_S \left(\psi\frac{\partial\varphi}{\partial n} - \varphi\frac{\partial\psi}{\partial n}\right)\mathrm{d}S \\
&= \oint_S (\psi\nabla\varphi - \varphi\nabla\psi) \cdot \mathrm{d}\boldsymbol{S}
\end{aligned} \tag{2.45}$$

式 (2.45) 就是**第二标量格林定理**。

结合矢量恒等式与高斯定理还可以得到矢量格林定理:

$$\int_V [(\nabla \times \boldsymbol{P}) \cdot (\nabla \times \boldsymbol{Q}) - \boldsymbol{P} \cdot \nabla \times \nabla \times \boldsymbol{Q}]\mathrm{d}V$$
$$= \oint_S (\boldsymbol{P} \times \nabla \times \boldsymbol{Q}) \cdot \mathrm{d}\boldsymbol{S} \tag{2.46}$$

其中, S 为包围体积 V 的闭合面。式 (2.46) 称为**第一矢量格林定理**。

式 (2.46) 的证明与第一标量格林定理的证明类似。对矢量 $[\boldsymbol{P} \times (\nabla \times \boldsymbol{Q})]$ 应用散度定理, 得

$$\int_V \nabla \cdot [\boldsymbol{P} \times (\nabla \times \boldsymbol{Q})] \, \mathrm{d}V = \oint_S (\boldsymbol{P} \times \nabla \times \boldsymbol{Q}) \cdot \mathrm{d}\boldsymbol{S} \tag{2.47}$$

再应用矢量恒等式

$$\nabla \cdot [\boldsymbol{P} \times (\nabla \times \boldsymbol{Q})] = (\nabla \times \boldsymbol{P}) \cdot (\nabla \times \boldsymbol{Q})$$
$$- \boldsymbol{P} \cdot \nabla \times \nabla \times \boldsymbol{Q} \tag{2.48}$$

将式 (2.48) 作体积分, 且左端利用式 (2.47), 便得式 (2.46)。将式 (2.46) 中的矢量 $\boldsymbol{P}$ 和 $\boldsymbol{Q}$ 对调, 并将得到的等式与式 (2.46) 相减, 可得

$$\int_V [\boldsymbol{Q} \cdot \nabla \times \nabla \times \boldsymbol{P} - \boldsymbol{P} \cdot \nabla \times \nabla \times \boldsymbol{Q}] \, \mathrm{d}V$$
$$= \oint_S (\boldsymbol{P} \times \nabla \times \boldsymbol{Q} - \boldsymbol{Q} \times \nabla \times \boldsymbol{P}) \cdot \mathrm{d}\boldsymbol{S} \tag{2.49}$$

这就是**第二矢量格林定理**。

无论哪种格林定理, 都可建立区域内场与边界上场之间的关系。所以, 应用格林定理, 可以把体问题转化为面问题, 把高阶微分问题转化为低阶微分问题, 从而简化求解。

矢量分析是剖析麦克斯韦方程的一把锐器。本章展示了矢量分析的演进过程, 或者说展示了如何把这把锐器磨得更锋利的过程。研磨锐器是这样进行的: 首先让矢量分析中的计算变得简单方便, 得到了 ∇ 算子的计算公式; 其次建立单一函数计算与组合函数计算之间的联系, 或者说建立将组合函数计算拆解为单一函数计算的规则, 获得了各种各样的矢量恒等式; 最后建立具有微分性质的 ∇ 算子和积分运算之间的联系,

推导了算子基本积分定理。总体说来，追求简单，建立联系，是矢量分析演进的方向，或许好数学都是这么演进的。这似乎也符合人对美的判断。简单，但不单薄，矢量分析的演进诠释了这一美学观念。

第3章 麦克斯韦方程之性质

本章将利用矢量分析工具，来演绎麦克斯韦方程丰富、清晰的内涵，展示矢量分析的运算技巧、力量、演绎之美。

3.1 电磁波预言

既然电磁场满足麦克斯韦方程，那么这组方程的解便是电磁场可能存在的形式。这是一组较为复杂的矢量偏微分方程组。为了找到这组方程的解，我们不妨先看一些特殊情况。

假设电磁场在直角坐标系下的 x 和 y 方向都不变化，利用旋度算子在直角坐标系下的计算公式，无源情况下麦克斯韦方程中的式 (1.3) 便可简化成下面的标量方程：

$$-\frac{\partial H_y}{\partial z} = \varepsilon_0 \frac{\partial E_x}{\partial t} \tag{3.1}$$

$$\frac{\partial H_x}{\partial z} = \varepsilon_0 \frac{\partial E_y}{\partial t} \tag{3.2}$$

式 (1.4) 便简化为

$$\frac{\partial E_x}{\partial z} = -\mu_0 \frac{\partial H_y}{\partial t} \tag{3.3}$$

$$\frac{\partial E_y}{\partial z} = \mu_0 \frac{\partial H_x}{\partial t} \tag{3.4}$$

很明显，式 (3.1) 和式 (3.3)，式 (3.2) 和式 (3.4) 分别组成了可解偏微分方程组。不失一般性，只考虑式 (3.1) 和式 (3.3) 组成的方程组。式 (3.1)

两边对时间 t 求偏导，式 (3.3) 两边对 z 求偏导，这样便可消去变量 H_y，得到一个关于 E_x 的偏微分方程：

$$\frac{\partial^2 E_x}{\partial z^2} - \frac{1}{c^2}\frac{\partial^2 E_x}{\partial t^2} = 0 \tag{3.5}$$

其中，$c = 1/\sqrt{\varepsilon_0\mu_0}$。很明显，式 (3.5) 是一个关于 E_x 的波动方程，其传播速度为 $c = 3.1074 \times 10^8 \mathrm{m/s}$。据此麦克斯韦就预言了电磁波的存在，而且光就是一种电磁波。因为麦克斯韦知道，Fizeau 于 1849 年测定光在空气中的传播速度为 $3.14858\times10^8\mathrm{m/s}$，与电磁波完全一致。

至此，我们不能不叹服数学推理的力量：电磁波——这个无法通过感知而建立的概念，就这样在数学推理下建立了。

更让人信服的是，麦克斯韦的预言，在其去世后 8 年，由德国物理学家赫兹 (Hertz，1857—1894)，通过图 3.1 所示的实验装置证实了，从而开辟了人类利用电磁波的信息时代。

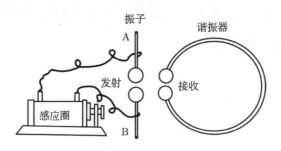

图 3.1 验证电磁波存在的赫兹实验

赫兹采用的电磁波发射器是偶极振子，如图 3.1 所示。A 和 B 是两段黄铜杆，它们是振荡偶极子的两半。A 和 B 中间留有一个火花间隙，间隙两边的端点上焊有一对磨光的黄铜球。振子的两半连接到感应圈的两极。当充电到一定程度，间隙被电火花击穿时，两段金属杆连成一条导电通路，这时它相当于一个振荡偶极子，激起高频振荡，向外发射同频的电磁波。为了探测发出的电磁波，赫兹采用一种圆形铜环的谐振器，其中也留有端点为球状的间隙，如图 3.1 所示。赫兹把谐振器放在与发射振子相隔一定距离之外。赫兹发现，当发射振子间隙中有火花跳过时，谐振器间隙也有火花跳过。这样，赫兹就通过实验，实现了电磁波的发射和接收，首次证实了电磁波的存在。

3.2　唯一性定理

第 1 章已大致告诉我们：利用麦克斯韦方程组、介质本构关系，以及边界条件，便可解决任何电磁问题了。但是，说得比较模糊，不够清晰。换言之，我们并没有说清楚，怎样的边界条件就给出唯一确定的解，更没有证明。本节就是要说清楚并证明。

假设被曲面 S 包围的区域里有一组激励源 $\boldsymbol{J}$ 和 $\boldsymbol{M}$。这组源激励的场一定满足式 (1.3) 和式 (1.4)。假设此问题有两组解 $\{\boldsymbol{E}^a, \boldsymbol{H}^a\}$ 和 $\{\boldsymbol{E}^b, \boldsymbol{H}^b\}$，它们的差记为

$$\delta\boldsymbol{E} = \boldsymbol{E}^a - \boldsymbol{E}^b \tag{3.6}$$

$$\delta\boldsymbol{H} = \boldsymbol{H}^a - \boldsymbol{H}^b \tag{3.7}$$

将解 "a" 满足的方程减去解 "b" 满足的方程便得

$$\nabla \times \delta\boldsymbol{E} = -z\,\delta\boldsymbol{H} \tag{3.8}$$

$$\nabla \times \delta\boldsymbol{H} = y\,\delta\boldsymbol{E} \tag{3.9}$$

这里，$z = \mathrm{j}\omega\mu, y = \mathrm{j}\omega\varepsilon$。将式 (3.8) 点乘上 $\delta\boldsymbol{H}^*$，再将式 (3.9) 先取共轭后点乘上 $\delta\boldsymbol{E}$，最后将所得方程式相减得

$$\delta\boldsymbol{E} \cdot \nabla \times \delta\boldsymbol{H}^* - \delta\boldsymbol{H}^* \cdot \nabla \times \delta\boldsymbol{E} = z\,|\delta\boldsymbol{H}|^2 + y^*\,|\delta\boldsymbol{E}|^2 \tag{3.10}$$

由矢量恒等式可知上式左边为 $-\nabla \cdot (\delta\boldsymbol{E} \times \delta\boldsymbol{H}^*)$，这样便有

$$\nabla \cdot (\delta\boldsymbol{E} \times \delta\boldsymbol{H}^*) + z\, |\delta\boldsymbol{H}|^2 + y^*\, |\delta\boldsymbol{E}|^2 = 0 \tag{3.11}$$

对上式在 S 所围区域作积分，并利用高斯散度定律，可得

$$\oint_S (\delta\boldsymbol{E} \times \delta\boldsymbol{H}^*) \cdot \mathrm{d}\boldsymbol{S} + \int_V \left(z\, |\delta\boldsymbol{H}|^2 + y^*\, |\delta\boldsymbol{E}|^2\right)\mathrm{d}\tau = 0 \tag{3.12}$$

如果式 (3.12) 中的面积分项为零，那么体积分项也一定为零。于是便有

$$\int_V \left[\mathrm{Re}(z) \lfloor\delta\boldsymbol{H}\rfloor^2 + \mathrm{Re}(y)\, |\delta\boldsymbol{E}|^2\right]\mathrm{d}\tau = 0 \tag{3.13}$$

$$\int_V \left[\mathrm{Im}(z) \lfloor\delta\boldsymbol{H}\rfloor^2 - \mathrm{Im}(y)\, |\delta\boldsymbol{E}|^2\right]\mathrm{d}\tau = 0 \tag{3.14}$$

对于有耗介质，$\mathrm{Re}(z)$ 和 $\mathrm{Re}(y)$ 是正数。因此，如果介质中处处有耗，不论多么小，式 (3.13) 只有在 $\delta\boldsymbol{E} = \delta\boldsymbol{H} = 0$ 时处处成立。对于无耗介质，我们可以看出，只要域中的所储电能和所储磁能相等，式 (3.14) 便能成立。这意味着存在谐振情形，电磁场不唯一。

根据上面论述，我们可得下面的唯一性定理 (uniqueness theorem)：如果区域边界的切向电场确定，或切向磁场确定，或部分切向电场确定，其他部分切向磁场确定，那么，对于有耗介质，此区域中的电磁场是唯一确定的；对于无耗介质，区域内的场不是唯一确定的，而是存在无数谐振解。

3.3 等 效 原 理

等效原理是由唯一性定理引申得到的，它的一个重要用途就是，告诉我们如何构造新问题而保证其解与原问题一致。等效原理形式多种多

样, 下面主要介绍三种形式。如图 3.2(a) 所示, S 是一个虚构的边界面, 其内有源且介质复杂, 其外无源且介质均匀。显然, 这是一个源在复杂非均匀介质中产生场的问题。如果我们只关心 S 外的场, 那么便可将此问题等效成一个只在 S 上有源的规则问题, 此问题的解与原问题的解在 S 外是一样的。

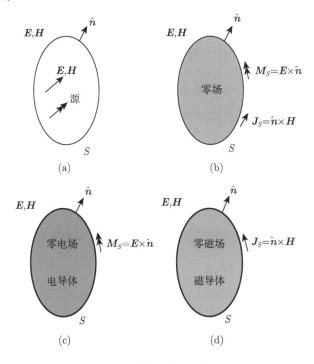

图 3.2　等效原理示意图

第一种形式如图 3.2(b) 所示, 假设 S 内的场为零, S 上有一组等效源 $\boldsymbol{J}_S$ 和 $\boldsymbol{M}_S$, 它们满足

$$\begin{cases} \boldsymbol{M}_S = \boldsymbol{E} \times \hat{\boldsymbol{n}} \\ \boldsymbol{J}_S = \hat{\boldsymbol{n}} \times \boldsymbol{H} \end{cases} \tag{3.15}$$

由边界连续性条件可知, 此等效问题 S 外的场在边界 S 的切向上与原问题是一样的。根据唯一性定理得到此问题的解与原问题的解在 S 外一

样。因为此等效问题中 S 内的场为零，因而我们可以进一步假设 S 内是均匀介质，且与 S 外相同。这样原问题便等效成一个 S 上一组等效源 J_S 和 M_S 在均匀介质中产生场的问题。这是一个规则问题，第 6 章将给出解析解。这是我们常常使用的一种等效形式，又称为**惠更斯原理**。注意，此等效形式既需等效电流源，又需等效磁流源，盖除此无法保证既要 S 内的场为零，又要 S 外的场在边界 S 上与原问题是一样。

与第一种形式不同，第二种等效形式是假设 S 内为理想电导体，从而保证 S 内的电场为零，如图 3.2(c) 所示。这样便可只需 S 上的等效磁流源 M_S 来保证 S 外的场与原问题一样。如果 M_S 满足

$$M_S = E \times \hat{n} \tag{3.16}$$

由边界连续性条件可知，此等效问题 S 外的电场在边界 S 的切向上与原问题是一样的。根据唯一性定理得到此问题的解与原问题的解在 S 外一样。这样原问题便等效成一个理想电导体上等效磁流源 M_S 产生场的问题。如果我们选择 S 为规则形状，如球，此问题的解也能解析给出。

第三种等效形式与第二种等效形式相似，只是将理想电导体换成理想磁导体，如图 3.2(d) 所示，那样便可只需 S 上的等效电流源 J_S 来保证 S 外的场与原问题相同。如果 J_S 满足

$$J_S = \hat{n} \times H \tag{3.17}$$

由边界条件可知，此等效问题 S 外的磁场在边界 S 的切向上与原问题是一样的。根据唯一性定理得到此问题的解与原问题的解在 S 外一样。这样原问题便等效成一个理想磁导体上等效电流源 J_S 产生场的问题。如果我们选择 S 为规则形状，如球，此问题的解也能解析给出。

3.4　对　偶　原　理

通过实验我们知道，电荷与电流是产生电磁场的源。自然界中尚未发现真实的磁荷与磁流。但是，对于某些电磁场问题，引入形式上的磁荷与磁流，能够方便问题的分析。此时，麦克斯韦方程可写成

$$\nabla \times \boldsymbol{H} = \mathrm{j}\omega\varepsilon\boldsymbol{E} + \boldsymbol{J} \tag{3.18}$$

$$\nabla \times \boldsymbol{E} = -\boldsymbol{M} - \mathrm{j}\omega\mu\boldsymbol{H} \tag{3.19}$$

$$\nabla \cdot (\mu\boldsymbol{H}) = \rho_m \tag{3.20}$$

$$\nabla \cdot (\varepsilon\boldsymbol{E}) = \rho \tag{3.21}$$

式中，$\boldsymbol{M}$ 为磁流密度；ρ_m 为磁荷密度。它们满足的磁荷守恒定律为

$$\nabla \cdot \boldsymbol{M} = \rho_m \tag{3.22}$$

将上述电磁场分成两部分，一部分由电荷及电流源产生，一部分由磁荷及磁流源产生，即

$$\boldsymbol{E} = \boldsymbol{E}_e + \boldsymbol{E}_m \tag{3.23a}$$

$$\boldsymbol{H} = \boldsymbol{H}_e + \boldsymbol{H}_m \tag{3.23b}$$

由于麦克斯韦方程组是线性的，所以把上式代入式 (3.18)∼ 式 (3.21) 可得到电荷及电流源产生电磁场的方程组，以及由磁荷及磁流源产生电磁场的方程组：

$$\nabla \times \boldsymbol{H}_e = \mathrm{j}\omega\varepsilon\boldsymbol{E}_e + \boldsymbol{J} \tag{3.24a}$$

$$\nabla \times \boldsymbol{E}_e = -\mathrm{j}\omega\mu\boldsymbol{H}_e \tag{3.24b}$$

$$\nabla \cdot (\mu \boldsymbol{H}_e) = 0 \tag{3.24c}$$

$$\nabla \cdot (\varepsilon \boldsymbol{E}_e) = \rho \tag{3.24d}$$

$$\nabla \times \boldsymbol{H}_m = \mathrm{j}\omega\varepsilon \boldsymbol{E}_m \tag{3.25a}$$

$$\nabla \times \boldsymbol{E}_m = -\boldsymbol{M} - \mathrm{j}\omega\mu \boldsymbol{H}_m \tag{3.25b}$$

$$\nabla \cdot (\mu \boldsymbol{H}_m) = \rho_m \tag{3.25c}$$

$$\nabla \cdot (\varepsilon \boldsymbol{E}_m) = 0 \tag{3.25d}$$

仔细观察方程形式，可以发现式 (3.18)~ 式 (3.21) 有很强的对称性。即，如果我们作如下代换：

$$\begin{cases} \boldsymbol{H}_e \to -\boldsymbol{E}_m \\ \boldsymbol{E}_e \to \boldsymbol{H}_m \end{cases}, \quad \begin{cases} \boldsymbol{J} \to \boldsymbol{M} \\ \rho \to \rho_m \end{cases}, \quad \begin{cases} \varepsilon \to \mu \\ \mu \to \varepsilon \end{cases} \tag{3.26}$$

则式 (3.24) 与式 (3.25) 可以相互转化。这说明，由电荷及电流源产生的电磁场和由磁荷及磁流源产生的电磁场之间存在着对应关系，这称为**对偶原理**。这就意味着，如果已经求出电荷及电流源产生的电磁场，我们就可以直接应用转换式 (3.26) 得到由磁荷及磁流源产生的电磁场。

3.5　互易定理

为了表述电磁波的**互易性原理**，这里先给出一个物理量的定义。假设有一组源 $\boldsymbol{J}_a$ 和 $\boldsymbol{M}_a$ 产生的电磁波 $\boldsymbol{E}_a$ 和 $\boldsymbol{H}_a$，还有另一组源 $\boldsymbol{J}_b$ 和 $\boldsymbol{M}_b$ 产生的电磁波 $\boldsymbol{E}_b$ 和 $\boldsymbol{H}_b$，那么源 a 对波 b 的**电磁反应**定义为

$$\langle a, b \rangle = \iiint_V (\boldsymbol{J}_a \cdot \boldsymbol{E}_b - \boldsymbol{M}_a \cdot \boldsymbol{H}_b)\mathrm{d}V \tag{3.27}$$

下面将证明在各向同性介质中的互易定律：$\langle a, b \rangle = \langle b, a \rangle$。根据电磁波满足式 (1.3) 和式 (1.4)，有

$$-\nabla \times \boldsymbol{E}_a = z\boldsymbol{H}_a + \boldsymbol{M}_a \tag{3.28}$$

$$\nabla \times \boldsymbol{H}_a = y\boldsymbol{E}_a + \boldsymbol{J}_a \tag{3.29}$$

以及

$$-\nabla \times \boldsymbol{E}_b = z\boldsymbol{H}_b + \boldsymbol{M}_b \tag{3.30}$$

$$\nabla \times \boldsymbol{H}_b = y\boldsymbol{E}_b + \boldsymbol{J}_b \tag{3.31}$$

用 $\boldsymbol{H}_b$ 点乘式 (3.28)+$\boldsymbol{E}_a$ 点乘式 (3.31) 可得

$$-\nabla \cdot (\boldsymbol{E}_a \times \boldsymbol{H}_b) = z\boldsymbol{H}_a \cdot \boldsymbol{H}_b + \boldsymbol{M}_a \cdot \boldsymbol{H}_b + y\boldsymbol{E}_a \cdot \boldsymbol{E}_b + \boldsymbol{J}_b \cdot \boldsymbol{E}_a \tag{3.32}$$

用 $\boldsymbol{E}_b$ 点乘式 (3.29)+$\boldsymbol{H}_a$ 点乘式 (3.30) 可得

$$-\nabla \cdot (\boldsymbol{E}_b \times \boldsymbol{H}_a) = z\boldsymbol{H}_a \cdot \boldsymbol{H}_b + \boldsymbol{M}_b \cdot \boldsymbol{H}_a + y\boldsymbol{E}_a \cdot \boldsymbol{E}_b + \boldsymbol{J}_a \cdot \boldsymbol{E}_b \tag{3.33}$$

将式 (3.33) 减去式 (3.32) 并取积分得

$$\langle a, b \rangle - \langle b, a \rangle = \oiint_S (\boldsymbol{E}_a \times \boldsymbol{H}_b - \boldsymbol{E}_b \times \boldsymbol{H}_a) \cdot \mathrm{d}\boldsymbol{S} \tag{3.34}$$

对于完全导体边界，因为 $\hat{\boldsymbol{n}} \times \boldsymbol{E} = 0$，所以式 (3.34) 右端为零；对于无限区域，利用辐射边界条件，同样有式 (3.34) 右端为零，故 $\langle a, b \rangle = \langle b, a \rangle$。

本章最精彩之处无疑是麦克斯韦方程的电磁波预言。回顾这个预言的得出过程，似乎很自然，并没有过人之处。但是，如果电磁规律不用矢量分析精确表述，那么要作出这样的预言恐怕是困难的，甚至是不可能的，这从侧面展示了数学的力量。再看看本章演绎得到的电磁波性质，如果没有矢量分析的灵活运用，恐怕也是很难得到的。

第 4 章　自由空间中麦克斯韦方程之解——平面波

文学艺术中人物形象越鲜明，就越生动。追求清晰具体的物理内涵和形象，同样也是理工研究的目标。3.1 节预言了电磁波的存在，但并没有描绘出其具体的形象。那么电磁波究竟长成什么样呢? 要全面系统地回答这个问题，是困难的。我们不妨先从简单问题开始。

4.1　平　面　波　解

一般而言，麦克斯韦方程的解既是空间的函数，又是时间的函数。为了便于分析同时又不失一般性，我们只考虑随时间按正弦函数变化的解形式。对于这种解，在 $e^{j\omega t}$ 约定下，麦克斯韦方程在无源均匀各向同性介质中便可表示成

$$\nabla \times \boldsymbol{E} = -j\omega\mu\boldsymbol{H} \tag{4.1}$$

$$\nabla \times \boldsymbol{H} = j\omega\varepsilon\boldsymbol{E} \tag{4.2}$$

$$\nabla \cdot \boldsymbol{E} = 0 \tag{4.3}$$

$$\nabla \cdot \boldsymbol{H} = 0 \tag{4.4}$$

对式 (4.1) 两边同取旋度，并将式 (4.2) 代入便得

$$\nabla \times \nabla \times \boldsymbol{E} = \omega^2\varepsilon\mu\boldsymbol{E} \tag{4.5}$$

利用如下矢量拉普拉斯算子定义及式 (4.3):

$$\nabla^2 \boldsymbol{E} = \nabla \left(\nabla \cdot \boldsymbol{E} \right) - \nabla \times \nabla \times \boldsymbol{E} \tag{4.6}$$

式 (4.5) 便可写成下列齐次矢量亥姆霍兹方程:

$$\left(\nabla^2 + k^2 \right) \boldsymbol{E} = 0 \tag{4.7}$$

其中, $k = \omega \sqrt{\varepsilon \mu}$。利用定义式 (4.6), 第 5 章将证明矢量亥姆霍兹方程式 (4.7) 在直角坐标系中等价于下列三个标量亥姆霍兹方程:

$$\left(\nabla^2 + k^2 \right) E_p = 0, \quad p = x, y, z \tag{4.8}$$

为了便于深入具体讨论, 我们缩小考察范围, 只考虑如下形式的均匀平面波:

$$\boldsymbol{E} \left(\boldsymbol{r} \right) = \boldsymbol{E}_0 \mathrm{e}^{-\mathrm{j}(k_x x + k_y y + k_z z)} = \boldsymbol{E}_0 \mathrm{e}^{-\mathrm{j} \boldsymbol{k} \cdot \boldsymbol{r}} \tag{4.9}$$

其中, $\boldsymbol{E}_0$ 为与空间位置无关的常矢量。将式 (4.9) 代入式 (4.7) 有

$$k_x^2 + k_y^2 + k_z^2 = k^2 \tag{4.10}$$

式 (4.10) 通常称为**色散关系**, 其中, k 是矢量 $\boldsymbol{k}$ 的大小, 通常称为波数; $\lambda = 2\pi/k$ 为在传播方向 $\hat{\boldsymbol{k}}$ 上相邻两个等相位点之间的距离, 称为**波长**。矢量 $\boldsymbol{k}$ 称为波矢量或传播矢量。对于给定的波矢量, 其等相位面, 即波前, 由下面方程决定:

$$\boldsymbol{k} \cdot \boldsymbol{r} = C \tag{4.11}$$

其中, C 为常数。式 (4.11) 是一个平面方程。所以, 对于波动解式 (4.9), 它的波前是一个平面, 又因为电场幅度不变, 故称为均匀平面波。将式 (4.9) 代入式 (4.1) ∼ 式 (4.4), 可得

$$\boldsymbol{k} \times \boldsymbol{E} = \omega \mu \boldsymbol{H} \tag{4.12}$$

$$\boldsymbol{k} \times \boldsymbol{H} = -\omega\varepsilon\boldsymbol{E} \tag{4.13}$$

$$\boldsymbol{k} \cdot \boldsymbol{E} = 0 \tag{4.14}$$

$$\boldsymbol{k} \cdot \boldsymbol{H} = 0 \tag{4.15}$$

由式 (4.12)～ 式 (4.15) 可知，均匀平面波的电场 $\boldsymbol{E}$ 和磁场 $\boldsymbol{H}$ 相互垂直，且垂直于波矢量 $\boldsymbol{k}$。由此可以得到均匀平面波的传播形象，如图 4.1 所示。

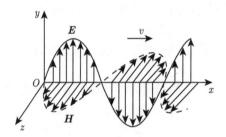

图 4.1　均匀平面波传播示意图

4.2　相速和群速

波动是振动在空间发生传播的过程。电场和磁场的振动在空间的传播形成电磁波。对于电磁波而言，刻画其状态的物理量主要有场幅值、相位、场矢量方向，以及传播速度和方向。为了描述均匀平面波的相位在空间的变化快慢，在此引入**相速**的概念，即等相位面的传播速度。因为任何一个等相位面的传播速度都是相同的，因此，为了形象起见，可以将相速理解成谐波波峰的传播速度 v_{p}，其表达式可从平面波解形式 (4.9) 中导出。将式 (4.9) 写成传播方向上的时域形式：

$$\boldsymbol{E}\left(\boldsymbol{r}, t\right) = \mathrm{Re}\left[\boldsymbol{E}_0 \mathrm{e}^{\mathrm{j}(\omega t - kr)}\right] \tag{4.16}$$

其中，$\boldsymbol{r}$ 为位置矢量，$r = |\boldsymbol{r}|$。这个波的等相位面由下面方程决定：

$$\omega t - kr = 常数 \tag{4.17}$$

式 (4.17) 两边对 t 求导可得

$$v_{\mathrm{p}} = \frac{\mathrm{d}r}{\mathrm{d}t} = \frac{\omega}{k} \tag{4.18}$$

由式 (4.10) 可知,

$$v_{\mathrm{p}} = \frac{1}{\sqrt{\varepsilon\mu}} \tag{4.19}$$

由式 (4.19) 可见, 若介质的 ε, μ 不随频率变化, 则相速 v_{p} 不随频率变化, 我们称这种介质为非色散介质。一般把均匀各向同性的非色散介质称为简单介质。

色散这个概念来源于光学。当一束阳光投射到三棱镜上时, 在棱镜的另一边就能看到赤橙黄绿青蓝紫七色光散开的现象。光波是电磁波, 光波的色散就是由不同频率的光在棱镜中具有不同的相速所致。如果一种介质的电介质参数或磁导率随频率变化, 那么相速 v_{p} 也会随频率变化, 则称这种介质为**色散介质**。

信号一般都是通过调制的手段加载在电磁波载波上传播的。一般信号可用傅里叶变换表示成不同频率谐波的积分。在无色散介质中, 所有频率电磁波的相速相等, 那么, 对于一个具有一定带宽的时域信号, 在传播一段距离后其波形不发生变化。因此在无色散介质中, 调制波包络的传播速度, 即**群速**, 与其各谐波分量的相速是一致的。然而在色散介质中, 由于介电常数或磁导率随频率而变, 故相速也随频率而变, 这样具有一定带宽的时域信号, 在传播中其形状就要发生变化。变化的波形无疑会造成接收的混乱。例如, 矩形脉冲在光纤长距离传输后会畸变为一展宽的钟形, 而导致前后两个脉冲无法分辨, 从而限制光纤信道的最大码率。所以我们有必要研究调制电磁波在介质中的传播情况。

考虑一个低频信号 $s(t)$，为了将其发射并传输一段距离，在发射端将其调制在频率为 ω_0 的高频信号 $\mathrm{e}^{\mathrm{j}\omega_0 t}$ 上。现在我们来分析合成窄带信号 $s(t)\,\mathrm{e}^{\mathrm{j}\omega_0 t}$ 在介质中的传播情况。设 $s(t)$ 的傅里叶变换为 $S(\omega)$，则调制信号 $s(t)\,\mathrm{e}^{\mathrm{j}\omega_0 t}$ 的频谱为 $S(\omega - \omega_0)$。再考虑随距离变化的因子，那么接收端电磁波可表示成

$$S_o(\omega, k) = S(\omega - \omega_0)\,\mathrm{e}^{-\mathrm{j}kr} \tag{4.20}$$

注意，k 是 ω 的函数，在窄带情况下有

$$
\begin{aligned}
k(\omega) &\approx k(\omega_0) + \left.\frac{\mathrm{d}k}{\mathrm{d}\omega}\right|_{\omega=\omega_0} \cdot (\omega - \omega_0) \\
&= k_0 + k' \cdot (\omega - \omega_0)
\end{aligned} \tag{4.21}
$$

将式 (4.21) 代入式 (4.20) 得

$$S_o(\omega, k) = S(\omega - \omega_0)\,\mathrm{e}^{-\mathrm{j}k_0 r}\mathrm{e}^{-\mathrm{j}(\omega-\omega_0)k' r} \tag{4.22}$$

对式 (4.22) 作逆傅里叶变换可得

$$
\begin{aligned}
s_o(t, k) &= F^{-1}\left[S_o(\omega, k)\right] \\
&= \mathrm{e}^{\mathrm{j}(\omega_0 t - k_0 r)}F^{-1}\left[S(\omega)\,\mathrm{e}^{-\mathrm{j}\omega k' r}\right] \\
&= s(t - k' r)\,\mathrm{e}^{\mathrm{j}(\omega_0 t - k_0 r)}
\end{aligned} \tag{4.23}
$$

由式 (4.23) 可知，窄带调制信号在介质中传播一段距离后，仍为一个调制在中心角频率 ω_0 上的信号，此信号的包络就是原窄带调制信号 $s(t)$。此包络的传播速度定义为群速，它既是波包的传播速度，也是能量的传播速度，通常也是信号的传播速度，其计算表达式为

$$v_\mathrm{g} = \frac{1}{k'} = \frac{\mathrm{d}\omega}{\mathrm{d}k} \tag{4.24}$$

ω 与波矢量 k 的关系称为**色散关系**, 例如, 平面电磁波在均匀各向同性介质的色散关系由式 (4.10) 描述。由式 (4.18)、式 (4.24) 可以看出, 色散关系包含着电磁波群速、相速等多重信息, 把 ω 与 k 的函数关系图形化就得到**色散图**。如果 k 限制在某一方向上, 我们就可以得到如图 4.2 所示的二维色散曲线。如果波矢量限制在一个平面内, 我们可以画出以 k_x, k_y 为 x, y 轴, ω 为 z 轴的色散曲面。我们也可以建立二维矢量与一维坐标轴的一一映射, 从而把色散曲面以曲线的形式表示出来。由式 (4.10) 可知, 对于非色散介质, 二维的色散曲线就是一条直线, 如图 4.2 中的实线就是自由空间的色散曲线。而图 4.2 中的虚线为等离子体介质的色散曲线。从中我们可以看出, 在 y 轴上的一段曲线, 没有任何 k 与之对应, 所以这段频带内没有任何波可以传播, 对应着材料的阻带; 而对于通带频段, 我们可以直观地查到对应于每一个频率的波矢量。当然更多的时候我们会利用色散图得到每个波矢量所对应的谐波频率或频率集。再如, 曲线某点与原点连线的斜率就直接对应着该点的

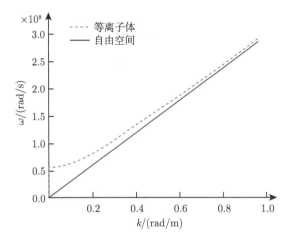

图 4.2 等离子体介质与自由空间的色散曲线

相速 v_p，而该点的函数曲线导数就对应着群速 v_g；通过曲线弯曲的程度也可以看出介质色散的程度，从而判断式 (4.21) 的近似程度，以及由之而来的信号的易变形程度。色散图不仅能形象直观地展示介质的电磁波传播特性，在研究许多复杂的介质，如等离子体、人工超材料时，我们常常面临无法得到色散关系的解析表达的情况；但是，我们却可以通过实验或数值仿真的办法得到 k 与 ω 的对应关系。色散图是帮助我们研究波传输特性的一个常用的工具。

4.3　波 的 极 化

分析均匀平面波可知，电场矢量是随时间变化的，其变化特征取决于电场在两个正交轴上的分量比值及相位关系。通常将电场矢量端点随时间变化的特征称为波的**极化**。下面具体考察一下平面波的极化情况。不失一般性，假设平面波沿 z 方向传播，电场在 x-y 平面内可表示成

$$\boldsymbol{E}\left(z\right) = \left(E_{x0}\hat{\boldsymbol{x}} + E_{y0}\hat{\boldsymbol{y}}\right)\mathrm{e}^{-\mathrm{j}k\cdot z} \tag{4.25}$$

由于波的极化特征取决于 E_{x0} 和 E_{y0} 的幅值和相位的相对关系，故可将 E_{x0} 和 E_{y0} 写成下列形式：

$$E_{x0} = 1 \tag{4.26}$$

$$E_{y0} = a\mathrm{e}^{\mathrm{j}\delta} \tag{4.27}$$

这样式 (4.25) 便简化为

$$\boldsymbol{E}\left(z\right) = \left(\hat{\boldsymbol{x}} + a\mathrm{e}^{\mathrm{j}\delta}\hat{\boldsymbol{y}}\right)\mathrm{e}^{-\mathrm{j}k\cdot z} \tag{4.28}$$

与式 (4.28) 对应的时域形式为

$$\boldsymbol{E}(z,t) = \text{Re}\left[\left(\hat{\boldsymbol{x}} + ae^{j\delta}\hat{\boldsymbol{y}}\right) e^{j(\omega t - k \cdot z)}\right]$$

$$= \cos(\omega t - kz)\hat{\boldsymbol{x}} + a\cos(\omega t - kz + \delta)\hat{\boldsymbol{y}} \qquad (4.29)$$

为了更清楚地表示平面波电场强度和方向随时间的变化,下面具体给出计算电场强度和方向的表达式。电场强度就是 $\boldsymbol{E}(z,t)$ 的幅值,可表示为

$$|\boldsymbol{E}(z,t)| = \left[\cos^2(\omega t - kz) + a^2\cos^2(\omega t - kz + \delta)\right]^{1/2} \qquad (4.30)$$

电场方向可由与 x 轴的夹角 $\varphi(z,t)$ 表示,其计算表达式为

$$\varphi(z,t) = \arctan\left[\frac{a\cos(\omega t - kz + \delta)}{\cos(\omega t - kz)}\right] \qquad (4.31)$$

下面考虑几种特殊情况:

(1) $\delta = 0$ 或 π 时

$$|\boldsymbol{E}(z,t)| = \sqrt{1 + a^2}\cos(\omega t - kz)$$

$$\varphi(z,t) = \arctan(a) \quad \text{或} \quad \varphi(z,t) = -\arctan(a) \qquad (4.32a)$$

由上式可知,在电场的 x, y 分量同相 ($\delta = 0$) 或反相 ($\delta = \pi$) 时,电场强度虽随时间作余弦变化,其方向仍保持不变。换言之,电场矢量端点沿一条线振动,故将此种波的极化称为**线极化**。

(2) $\delta = \pi/2$ 或 $-\pi/2$,且 $a = 1$ 时

$$|\boldsymbol{E}(z,t)| = 1$$

$$\varphi(z,t) = -(\omega t - kz) \quad \text{或} \quad \varphi(z,t) = (\omega t - kz) \qquad (4.32b)$$

由上式可知,在电场的 x, y 分量幅值相等,相位相差 $\pi/2$ 时,电场强度不随时间变化,而其方向随时间匀速旋转。换言之,电场矢量端点

沿圆周旋转，故将此种波的极化称为**圆极化**。当 $\delta = \pi/2$ 时，旋转方向为左旋，故称**左旋圆极化**；当 $\delta = -\pi/2$ 时，旋转方向为右旋，故称**右旋圆极化**。在一般情况下，电场的 x, y 分量幅值不相等，此时电场矢量的运动轨迹是一个椭圆，被称为**椭圆极化**。

4.4　无耗介质中的电磁波传播

下面具体考虑平面电磁波在不同介质中的传播特征。首先考虑在无耗介质中，即电介质参数和磁导率都为实数的波传播情况。此时由色散关系式 (4.10) 可知，波数 k 必为实数。根据平面波解形式 (4.9) 易知，平面电磁波在无耗介质中传播，只有相位变化，无幅值变化。将式 (4.12) 写成

$$\hat{\boldsymbol{k}} \times \boldsymbol{E} = Z\boldsymbol{H} \tag{4.33a}$$

其中，Z 为垂直于传播方向平面上的电场和磁场的比值。不难验证，Z 的单位是欧姆，故被称为**波阻抗**。在简单介质中，

$$Z = \frac{\omega \mu}{k} = \sqrt{\frac{\mu}{\varepsilon}} \tag{4.33b}$$

即波阻抗 Z 等于介质的本征阻抗 (特性阻抗)。在无耗介质中，显然波阻抗 Z 为实数，也就是纯电阻，所以电场和磁场同相。

4.5　有耗介质中的电磁波传播

下面再来考虑平面电磁波在有耗介质中的传播。实际中常见的有耗介质是电介质参数为复数的情形，即 $\varepsilon = \varepsilon' - j\varepsilon''$，譬如海水、湿土。通常这种介质的损耗是由电导率 σ 引起的，故又有 $\varepsilon'' = \sigma/\omega$。根据色散关

系式 (4.10) 有

$$k = \omega\sqrt{\mu\varepsilon'}\left(1 - \mathrm{j}\frac{\varepsilon''}{\varepsilon'}\right)^{1/2} \tag{4.34}$$

将复数 k 写成

$$k = \beta - \mathrm{j}\alpha \tag{4.35a}$$

其中，β 为**相移常数**，表示传播方向上单位长度上波的相位的变化量，单位是 rad/m；α 为**衰减常数**，表示传播方向上单位长度上波的幅值的衰减量，单位是 Np/m。为了更一般地表述电磁波的传播或传输特征，我们还定义**传播常数** γ：

$$\gamma = \alpha + \mathrm{j}\beta \tag{4.35b}$$

显然，在自由空间中，传播常数与波数有关系 $\gamma = \mathrm{j}k$，但在本章介绍的波导传输线中就没有此简单关系了。由式 (4.34) 不难推出

$$\beta = \omega\left\{\frac{\mu\varepsilon'}{2}\left[\sqrt{1+\left(\frac{\varepsilon''}{\varepsilon'}\right)^2}+1\right]\right\}^{1/2} \tag{4.36a}$$

$$\alpha = \omega\left\{\frac{\mu\varepsilon'}{2}\left(\sqrt{1+\left(\frac{\varepsilon''}{\varepsilon'}\right)^2}-1\right)\right\}^{1/2} \tag{4.36b}$$

由此可知，平面电磁波在有耗介质中传播，除了相位以相移常数 β 随距离变化外，其幅值也要以衰减常数 α 随距离指数衰减。此时波阻抗为

$$\eta = \sqrt{\frac{\mu}{\varepsilon'}}\left(1 - \mathrm{j}\frac{\varepsilon''}{\varepsilon'}\right)^{-1/2} \tag{4.37}$$

由此可知，有耗情况下，一般说来电场和磁场不再同相。下面再来讨论式 (4.36a) 和式 (4.36b) 在不同情况下的简化式。在弱耗情况下，即 $\varepsilon''/\varepsilon' < 10^{-2}$，式 (4.36a) 和式 (4.36b) 可近似为

$$\eta = \sqrt{\frac{\mu}{\varepsilon'}} \tag{4.38}$$

$$\beta \approx \omega\sqrt{\mu\varepsilon'} \tag{4.39a}$$

$$\alpha \approx \frac{\sigma}{2}\sqrt{\frac{\mu}{\varepsilon'}} = \frac{\sigma\eta}{2} \tag{4.39b}$$

由此可知，在弱耗情况下，相移常数 β 与无耗情况相同，衰减常数 α 与频率无关，电场和磁场同相。在良导体情况下，即 $\varepsilon''/\varepsilon' > 10^2$，式 (4.36a) 和式 (4.36b) 可近似为

$$\beta \approx \omega\sqrt{\frac{\mu\varepsilon''}{2}} = \sqrt{\frac{\omega\mu\sigma}{2}} \tag{4.40a}$$

$$\alpha = \beta \approx \sqrt{\frac{\omega\mu\sigma}{2}} \tag{4.40b}$$

$$\eta = (1+j)\sqrt{\frac{\omega\mu}{2\sigma}} \tag{4.41}$$

由式 (4.41) 可知，在良导体中，电场与磁场不再同相，而是电场始终超前磁场 $\pi/4$。由式 (4.40b) 可知，电磁波在良导体中传播衰减很快，很难深入到良导体内部。一般电磁场能量集中于良导体表面。为此定义一个**趋肤深度**δ，描述电磁波穿透导体的能力，具体定义式为

$$\delta = \frac{1}{\alpha} \tag{4.42}$$

即为电磁波幅值减到原来的 $e^{-1} \approx 0.37$ 时所传播的厚度。

4.6　坡印亭定理

用 $\boldsymbol{E}$ 点乘安培定律式 (1.3)，用 $\boldsymbol{H}$ 点乘法拉第电磁感应定律式 (1.4)，并将两者相减可得

$$\boldsymbol{E} \cdot \nabla \times \boldsymbol{H} - \boldsymbol{H} \cdot \nabla \times \boldsymbol{E} = \boldsymbol{E} \cdot \frac{\partial \boldsymbol{D}}{\partial t} + \boldsymbol{H} \cdot \frac{\partial \boldsymbol{B}}{\partial t} + \boldsymbol{E} \cdot \boldsymbol{J} \tag{4.43}$$

利用下面的矢量恒等式:

$$\nabla \cdot (\boldsymbol{E} \times \boldsymbol{H}) = \boldsymbol{H} \cdot \nabla \times \boldsymbol{E} - \boldsymbol{E} \cdot \nabla \times \boldsymbol{H} \tag{4.44}$$

式 (4.43) 可简化成

$$\boldsymbol{E} \cdot \frac{\partial \boldsymbol{D}}{\partial t} + \boldsymbol{H} \cdot \frac{\partial \boldsymbol{B}}{\partial t} + \boldsymbol{E} \cdot \boldsymbol{J} = -\nabla \cdot (\boldsymbol{E} \times \boldsymbol{H}) \tag{4.45}$$

在简单介质中, 利用本构关系式 (1.28)$\sim$ 式 (1.30), 有

$$\boldsymbol{E} \cdot \frac{\partial \boldsymbol{D}}{\partial t} = \boldsymbol{E} \cdot \frac{\partial (\varepsilon \boldsymbol{E})}{\partial t} = \frac{\partial}{\partial t} \left(\frac{1}{2} \varepsilon E^2 \right)$$

$$\boldsymbol{H} \cdot \frac{\partial \boldsymbol{B}}{\partial t} = \boldsymbol{H} \cdot \frac{\partial (\mu \boldsymbol{H})}{\partial t} = \frac{\partial}{\partial t} \left(\frac{1}{2} \mu H^2 \right)$$

$$\boldsymbol{E} \cdot \boldsymbol{J} = \boldsymbol{E} \cdot (\sigma \boldsymbol{E}) = \sigma E^2$$

式 (4.45) 可以表示成

$$\nabla \cdot (\boldsymbol{E} \times \boldsymbol{H}) = -\frac{\partial}{\partial t} \left(\frac{1}{2} \varepsilon E^2 + \frac{1}{2} \mu H^2 \right) - \sigma E^2 \tag{4.46a}$$

对式 (4.46a) 两边在一个区域内作体积分, 且利用高斯定理, 就可得到下面式 (4.46a) 的积分形式:

$$\oint_S (\boldsymbol{E} \times \boldsymbol{H}) \cdot \mathrm{d}S = -\frac{\partial}{\partial t} \int_V \left(\frac{1}{2} \varepsilon E^2 + \frac{1}{2} \mu H^2 \right) \mathrm{d}V - \int_V \sigma E^2 \mathrm{d}V \tag{4.46b}$$

式 (4.46b) 右边第一项表示区域内存储电磁能量的减少, 第二项表示通过电阻转化为热能的消耗能量。根据能量守恒, 式 (4.46b) 左边表示流出区域的电磁能量。因此, 矢量 $\boldsymbol{E} \times \boldsymbol{H}$ 表示电磁波所带的能量密度, 一般被称为**坡印亭矢量**。式 (4.46) 被称为**坡印亭定理**, 表述的是电磁能量守恒关系。

　　理论之美在于体大精深, 气势恢宏, 指明方向。但是, 若不能演化出具体东西, 落不到实处, 恐怕就有夸夸其谈、徒有其表之嫌。如何从恢

宏的麦克斯韦方程中演绎出具体的电磁波形象呢？本章展示了这一美妙的演化过程。首先，尽可能缩小研究方面，限制研究对象，但同时又不能丢失对象的本质。经过提炼，我们将研究对象限制在：均匀介质中均匀平面时谐电磁波。在这一限制下，麦克斯韦方程就大大简化了，电磁波传播的具体形象也就呼之欲出了，描述电磁波传播的重要概念也就清晰了。由此可见，要获得栩栩如生的形象之美，需要限制范围，聚焦对象，利用数学工具，层层推进，直至概念清晰。研究对象不具体或范围过大，不善于利用数学工具，都很难得到美丽、清晰的物理概念和形象。

第5章 波导中麦克斯韦方程之解

—— 波导传输模式

本章我们来展示波导中电磁波的具体形象是怎样通过矢量分析演绎清楚的。换言之,就是要在波导条件下来求解麦克斯韦方程。所谓波导,指的是截面形状和尺寸、壁结构以及介质分布沿其轴线方向 (纵向) 不变的,引导电磁波传输的结构。下面就是要在这个条件下来演绎麦克斯韦方程。

5.1 波导传输问题的求解途径

根据波导的几何结构特点,建立柱坐标分析是最为合适的,因为这种系统下波导的边界条件最易写出。不妨设波导的纵向为柱坐标中的 z 轴。一个重要结论是在此坐标系统下,矢量亥姆霍兹方程 (4.7) 的 z 分量可简化成标量亥姆霍兹方程,即

$$\left(\nabla^2 + k^2\right) E_z = 0 \tag{5.1}$$

其中, $k = \omega\sqrt{\mu\varepsilon}$。下面证明式 (5.1)。矢量拉普拉斯算子由式 (4.6) 定义。不难知道,式 (4.6) 中 $\nabla \times \nabla \times \boldsymbol{E}$ 的 z 分量是由 $\nabla \times \boldsymbol{E}$ 的横向分量 $(\nabla \times \boldsymbol{E})_t$ 决定的。为此将 ∇ 算子分解成 $\nabla = \nabla_t + \hat{\boldsymbol{z}}\partial/\partial z$,展开计算可得

$$\left(\nabla_t + \hat{\boldsymbol{z}}\frac{\partial}{\partial z}\right) \times \boldsymbol{E}\bigg|_t = \nabla_t \times \boldsymbol{E} + \hat{\boldsymbol{z}} \times \frac{\partial}{\partial z}\boldsymbol{E}\bigg|_t$$

$$= \nabla_t \times (\hat{\boldsymbol{z}} E_z) + \hat{\boldsymbol{z}} \times \frac{\partial \boldsymbol{E}_t}{\partial z}$$

$$= \nabla_t E_z \times \hat{\boldsymbol{z}} + \hat{\boldsymbol{z}} \times \frac{\partial \boldsymbol{E}_t}{\partial z} \tag{5.2a}$$

整理得

$$(\nabla \times \boldsymbol{E})_t = \left(\nabla_t E_z - \frac{\partial \boldsymbol{E}_t}{\partial z} \right) \times \hat{\boldsymbol{z}} \tag{5.2b}$$

接着便可算出 $\nabla \times \nabla \times \boldsymbol{E}$ 的 z 分量：

$$(\nabla \times \nabla \times \boldsymbol{E})_z \hat{\boldsymbol{z}} = \nabla \times (\nabla \times \boldsymbol{E})_t$$

$$= \nabla_t \times \left[\left(\nabla_t E_z - \frac{\partial \boldsymbol{E}_t}{\partial z} \right) \times \hat{\boldsymbol{z}} \right] \tag{5.3}$$

利用下面恒等式：

$$\nabla \times (\boldsymbol{A} \times \boldsymbol{B}) = \boldsymbol{A} \nabla \cdot \boldsymbol{B} - \boldsymbol{B} \nabla \cdot \boldsymbol{A} + (\boldsymbol{B} \cdot \nabla) \boldsymbol{A} - (\boldsymbol{A} \cdot \nabla) \boldsymbol{B} \tag{5.4a}$$

得

$$\nabla_t \times \left[\left(\nabla_t E_z - \frac{\partial \boldsymbol{E}_t}{\partial z} \right) \times \hat{\boldsymbol{z}} \right] = \left(\nabla_t E_z - \frac{\partial \boldsymbol{E}_t}{\partial z} \right) \nabla_t \cdot \hat{\boldsymbol{z}} - \hat{\boldsymbol{z}} \nabla_t$$

$$\times \left(\nabla_t E_z - \frac{\partial \boldsymbol{E}_t}{\partial z} \right) + (\nabla_t \cdot \hat{\boldsymbol{z}}) \left(\nabla_t E_z - \frac{\partial \boldsymbol{E}_t}{\partial z} \right)$$

$$- \left[\left(\nabla_t E_z - \frac{\partial \boldsymbol{E}_t}{\partial z} \right) \cdot \nabla_t \right] \hat{\boldsymbol{z}} \tag{5.4b}$$

又由于

$$\hat{\boldsymbol{z}} \cdot \nabla_t = 0, \quad \nabla_t \cdot \hat{\boldsymbol{z}} = 0, \quad (\boldsymbol{A} \cdot \nabla_t) \hat{\boldsymbol{z}} = 0 \tag{5.5a}$$

其中，$\boldsymbol{A}$ 为任意矢量，则式 (5.3) 可简化成

$$(\nabla \times \nabla \times \boldsymbol{E})_z \hat{\boldsymbol{z}} = -\hat{\boldsymbol{z}} \nabla_t \cdot \left(\nabla_t E_z - \frac{\partial \boldsymbol{E}_t}{\partial z} \right)$$

$$= \hat{z} \left(\nabla_t \cdot \frac{\partial \boldsymbol{E}_t}{\partial z} - \nabla_t^2 E_z \right) \tag{5.5b}$$

即

$$(\nabla \times \nabla \times \boldsymbol{E})_z = \nabla_t \cdot \left(\frac{\partial \boldsymbol{E}_t}{\partial z} \right) - \nabla_t^2 E_z \tag{5.6}$$

再来计算式 (4.6) 中 $\nabla(\nabla \cdot \boldsymbol{E})$ 的 z 分量可得

$$\begin{aligned}
[\nabla (\nabla \cdot \boldsymbol{E})]_z &= \frac{\partial}{\partial z} \left[\left(\nabla_t + \hat{z} \frac{\partial}{\partial z} \right) \cdot \boldsymbol{E} \right] \\
&= \frac{\partial}{\partial z} \left(\nabla_t \cdot \boldsymbol{E} + \frac{\partial E_z}{\partial z} \right) \\
&= \frac{\partial (\nabla_t \cdot \boldsymbol{E}_t)}{\partial z} + \frac{\partial^2 E_z}{\partial z^2}
\end{aligned} \tag{5.7}$$

将式 (5.6) 和式 (5.7) 代入式 (4.6) 得

$$\left(\nabla^2 \boldsymbol{E} \right)_z = \nabla^2 E_z \tag{5.8}$$

于是标量亥姆霍兹方程 (5.1) 得证。同样可证得磁场标量亥姆霍兹方程:

$$\left(\nabla^2 + k^2 \right) H_z = 0 \tag{5.9}$$

有了纵向场的标量亥姆霍兹方程, 再根据具体波导的边界条件, 便可解出纵向场。下面将进一步导出由纵向场求出横向场的表达式。不难想象, 电磁波在波导中传输表现出的特征是, 在横向上呈一种固定场分布, 在纵向上以一定的速度向前传播。不妨设纵向上的传输因子是 $\mathrm{e}^{-\gamma z}$(其中, $\gamma = \alpha + \mathrm{j}\beta$ 是传输常数, β 是相位因子, α 是衰减因子)。这样电磁波在波导中的空间分布可表述成

$$\boldsymbol{E}(r) = \boldsymbol{E}(t) \mathrm{e}^{-\gamma z} \tag{5.10}$$

其中, t 表示横向坐标。为方便, 下面将 $\boldsymbol{E}(t)$ 简写为 $\boldsymbol{E}$。由式 (5.10) 可知

$$\nabla_z \times \left(\boldsymbol{E} \mathrm{e}^{-\gamma z} \right) = \hat{\boldsymbol{z}} \frac{\partial}{\partial z} \times \left(\boldsymbol{E} \mathrm{e}^{-\gamma z} \right) = \hat{\boldsymbol{z}} \times \left(\boldsymbol{E} \frac{\partial}{\partial z} \mathrm{e}^{-\gamma z} \right)$$
$$= -\gamma \hat{\boldsymbol{z}} \times \left(\boldsymbol{E} \mathrm{e}^{-\gamma z} \right) \tag{5.11a}$$

$$\nabla_z \cdot \left(\boldsymbol{E} \mathrm{e}^{-\gamma z} \right) = \hat{\boldsymbol{z}} \frac{\partial}{\partial z} \cdot \left(\boldsymbol{E} \mathrm{e}^{-\gamma z} \right) = \hat{\boldsymbol{z}} \cdot \left(\boldsymbol{E} \frac{\partial}{\partial z} \mathrm{e}^{-\gamma z} \right)$$
$$= -\gamma \hat{\boldsymbol{z}} \cdot \left(\boldsymbol{E} \mathrm{e}^{-\gamma z} \right) \tag{5.11b}$$

$$\nabla_z \left(\boldsymbol{E} \mathrm{e}^{-\gamma z} \right) = \hat{\boldsymbol{z}} \frac{\partial}{\partial z} \left(\boldsymbol{E} \mathrm{e}^{-\gamma z} \right) = \hat{\boldsymbol{z}} \left(\boldsymbol{E} \frac{\partial}{\partial z} \mathrm{e}^{-\gamma z} \right)$$
$$= -\gamma \hat{\boldsymbol{z}} \left(\boldsymbol{E} \mathrm{e}^{-\gamma z} \right) \tag{5.11c}$$

即有

$$\nabla_z \equiv -\gamma \hat{\boldsymbol{z}} \tag{5.12}$$

如此一来, 就有

$$(\nabla \times \boldsymbol{E})_t = \left[(\nabla_t + \nabla_z) \times (\hat{\boldsymbol{z}} E_z + \boldsymbol{E}_t) \right]_t$$
$$= \nabla_t \times (\hat{\boldsymbol{z}} E_z) + \nabla_z \times \boldsymbol{E}_t$$
$$= (\nabla_t E_z + \gamma \boldsymbol{E}_t) \times \hat{\boldsymbol{z}} \tag{5.13}$$

根据法拉第电磁感应定律 (1.4) 得

$$(\nabla_t E_z + \gamma \boldsymbol{E}_t) \times \hat{\boldsymbol{z}} = -\mathrm{j} \omega \mu \boldsymbol{H}_t \tag{5.14}$$

同样可得

$$(\nabla_t H_z + \gamma \boldsymbol{H}_t) \times \hat{\boldsymbol{z}} = \mathrm{j} \omega \varepsilon \boldsymbol{E}_t \tag{5.15}$$

将式 (5.14) 代入式 (5.15) 得

$$\boldsymbol{E}_t = \mathrm{j} \frac{\omega \mu}{k_{\mathrm{c}}^2} \hat{\boldsymbol{z}} \times \nabla_t H_z - \frac{\gamma}{k_{\mathrm{c}}^2} \nabla_t E_z \tag{5.16}$$

这里, $k_c^2 = k^2 + \gamma^2$, k_c 称为波导的**截止波数**, 其对应的波长 $\lambda_c = 2\pi/k_c$ 和频率 $f_c = k_c/\left(2\pi\sqrt{\mu\varepsilon}\right)$ 即为波导的**截止波长**和**截止频率**。同样可推得

$$\boldsymbol{H}_t = -\mathrm{j}\frac{\omega\varepsilon}{k_c^2}\hat{\boldsymbol{z}} \times \nabla_t E_z - \frac{\gamma}{k_c^2}\nabla_t H_z \tag{5.17}$$

于是便得出求解波导问题的具体方式: 先从式 (5.1) 和式 (5.9) 解出纵向场 E_z 和 H_z, 再由式 (5.16) 和式 (5.17) 算出横向场。式 (5.1) 和式 (5.9) 在式 (5.10) 的假设下, 可进一步简化为

$$\left(\nabla_t^2 + k_c^2\right) E_z = 0 \tag{5.18}$$

$$\left(\nabla_t^2 + k_c^2\right) H_z = 0 \tag{5.19}$$

在金属空波导中, 由于除了金属边界之外, 横向上不存在不连续, 故式 (5.18) 和式 (5.19) 可分别独立求解。这样金属空波导中一般存在两类模式, 一类是由式 (5.18) 确定的 TM 模式, 一类是由式 (5.19) 确定的 TE 模式。在介质填充波导或介质波导中, 由于横向上存在不连续, 故 TE 模式和 TM 模式一般不能单独存在, 需要组合才能满足边界条件。

5.2 矩形波导中电磁波的传输特性

5.1 节给出了分析波导传输线的具体途径。本节将用这一途径具体求解矩形波导中的电磁波解。再由解出发, 分析矩形波导中的模式、场结构, 以及其传输特性。

由于矩形波导横向上不存在不连续, 故 TM 模式和 TE 模式能单独存在, 即式 (5.18) 和式 (5.19) 可分别独立求解。下面先分析 TM 模式, 再分析 TE 模式。如图 5.1 所示, 设矩形波导沿 x 轴的长边尺寸为 a, 沿

y 轴的窄边尺寸为 b，此时 TM 模式的纵向场 E_z 除了满足式 (5.18)，还满足下列边界条件：

$$E_z|_{x=0} = 0, \quad E_z|_{x=a} = 0, \quad E_z|_{y=0} = 0, \quad E_z|_{y=b} = 0 \tag{5.20}$$

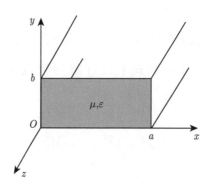

图 5.1   矩形波导

利用分离变量法求解在边界条件式 (5.20) 下的式 (5.18) 得

$$E_z = \sin(k_x x)\sin(k_y y)\mathrm{e}^{-\mathrm{j}k_z z} \tag{5.21}$$

其中，

$$k_x = \frac{m\pi}{a}, \quad m = 1, 2, \cdots \tag{5.22a}$$

$$k_y = \frac{n\pi}{b}, \quad n = 1, 2, \cdots \tag{5.22b}$$

且 k_x, k_y, k_z 满足下列色散关系：

$$k_x^2 + k_y^2 + k_z^2 = k_c^2 + k_z^2 = k^2 \tag{5.23}$$

由式 (5.16) 和式 (5.17) 可算出 TM 模式的横向分量：

$$E_x = -\frac{\mathrm{j}k_x k_z}{k_c^2}\cos(k_x x)\sin(k_y y)\mathrm{e}^{-\mathrm{j}k_z z} \tag{5.24}$$

$$E_y = -\frac{\mathrm{j}k_y k_z}{k_c^2}\sin(k_x x)\cos(k_y y)\mathrm{e}^{-\mathrm{j}k_z z} \tag{5.25}$$

$$H_x = \frac{\mathrm{j}\omega\varepsilon k_y}{k_\mathrm{c}^2}\sin(k_x x)\cos(k_y y)\mathrm{e}^{-\mathrm{j}k_z z} \tag{5.26}$$

$$H_y = -\frac{\mathrm{j}\omega\varepsilon k_x}{k_\mathrm{c}^2}\cos(k_x x)\sin(k_y y)\mathrm{e}^{-\mathrm{j}k_z z} \tag{5.27}$$

式 (5.22a) 和式 (5.22b) 中 m 和 n 的不同取值,对应于不同的 TM_{mn} 模,其截止波数为

$$k_{cmn} = \sqrt{\left(\frac{m\pi}{a}\right)^2 + \left(\frac{n\pi}{b}\right)^2} \tag{5.28}$$

对应截止波数 k_{cmn} 有相应的截止频率 $f_{cmn} = k_{cmn}/\left(2\pi\sqrt{\mu_0\varepsilon_0}\right)$。这就是说,电磁波的波数 $(k = \omega\sqrt{\mu\varepsilon})$ 或频率只有大于上述波导的截止波数 k_{cmn} 或截止频率,电磁波才能以 TM_{mn} 模式在波导内传输。由此可见,波导是高通滤波器。也就是说,对于一个频率 f 高于截止频率 f_{cmn} 的电磁波,TM_{mn} 模式是可以传输的,而且其相移常数为 $\beta_{mn} = \sqrt{k^2 - k_{cmn}^2}$。对应于此相移常数 β_{mn} 的波长 $\lambda_{gmn} = 2\pi/\beta_{mn}$,一般称为 TM_{mn} 模式的**波导波长**。由式 (5.28) 可知,TM_{11} 具有最小截止波数或截止频率,是最低 TM 模。对于一个具体的 TM_{mn} 模,都有其独特的电磁场分布特征。弄清波导中模式的场分布是理解波导中各种其他电磁问题,譬如激励、耦合、不连续等的基础。模式的场分布通常用电力线和磁力线来表示。用电力线的方向来表示电场的方向,用磁力线的方向来表示磁场的方向,用电力线和磁力线的密与疏来表示电场和磁场的强与弱。观察下面 TM_{mn} 模横向场的表达式:

$$\boldsymbol{E}_t = -\frac{\gamma}{k_\mathrm{c}^2}\nabla_t E_z \tag{5.29}$$

$$\boldsymbol{H}_t = -\mathrm{j}\frac{\omega\varepsilon}{k_\mathrm{c}^2}\hat{\boldsymbol{z}} \times \nabla_t E_z \tag{5.30}$$

它们是由式 (5.16) 和式 (5.17) 简化得到的。通常把 $\boldsymbol{E}_t$ 与 $\boldsymbol{H}_t$ 幅值之比称为 TM_{mn} 模的特性阻抗 Z,其倒数称为特性导纳 Y。由式 (5.29) 可

知，横向电场 $\boldsymbol{E}_t$ 垂直于 E_z 的等值线，又由式 (5.30) 可知，横向电场 $\boldsymbol{E}_t$、横向磁场 $\boldsymbol{H}_t$ 和传播 z 方向相互正交，故可推出 $\boldsymbol{H}_t$ 的磁力线和 E_z 的等值线一致。这样 TM_{mn} 模的电磁力线便可按下述方法大致画出：先确定 E_z 的最大、最小值位置，这样便可较为容易地画出 E_z 的等值线，即 $\boldsymbol{H}_t$ 的磁力线，进而根据横向电场 $\boldsymbol{E}_t$ 和横向磁场 $\boldsymbol{H}_t$ 正交，以及电场 $\boldsymbol{E}_t$ 方向是由 E_z 的最大指向最小等特点画出横向电场 $\boldsymbol{E}_t$ 的电力线，最后根据电场总是垂直于波导壁的特点，不难画出电场在纵向上的电力线分布。据此方法可画出矩形波导 TM_{11} 模的场分布，如图 5.2 所示。

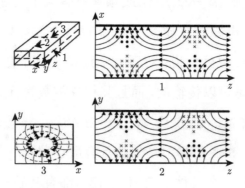

图 5.2　矩形波导 TM_{11} 模的场分布

上述是对矩形波导 TM 模式的分析，下面再来研究 TE 模式。TE 模式的纵向场 H_z 和 TM 模式的纵向场 E_z 所满足的方程完全一样，只是边界条件变成

$$\left.\frac{\partial H_z}{\partial n}\right|_{x=0}=0,\quad \left.\frac{\partial H_z}{\partial n}\right|_{x=a}=0$$
$$\left.\frac{\partial H_z}{\partial n}\right|_{y=0}=0,\quad \left.\frac{\partial H_z}{\partial n}\right|_{y=b}=0 \tag{5.31}$$

由此解出

$$H_z = \cos(k_x x)\cos(k_y y)\mathrm{e}^{-\mathrm{j}k_z z} \tag{5.32}$$

其中，

$$k_x = \frac{m\pi}{a}, \quad m = 0, 1, 2, \cdots \tag{5.33a}$$

$$k_y = \frac{n\pi}{b}, \quad n = 0, 1, 2, \cdots \tag{5.33b}$$

注意 m 和 n 不能同时为零，且 k_x, k_y, k_z 同样满足色散关系式 (5.23)。

由式 (5.16) 和式 (5.17) 可算出 TE 模式的横向分量：

$$E_x = \frac{\mathrm{j}\omega\mu k_y}{k_c^2} \cos(k_x x) \sin(k_y y) \mathrm{e}^{-\mathrm{j}k_z z} \tag{5.34}$$

$$E_y = -\frac{\mathrm{j}\omega\mu k_x}{k_c^2} \sin(k_x x) \cos(k_y y) \mathrm{e}^{-\mathrm{j}k_z z} \tag{5.35}$$

$$H_x = \frac{\mathrm{j}k_x k_z}{k_c^2} \sin(k_x x) \cos(k_y y) \mathrm{e}^{-\mathrm{j}k_z z} \tag{5.36}$$

$$H_y = \frac{\mathrm{j}k_y k_z}{k_c^2} \cos(k_x x) \sin(k_y y) \mathrm{e}^{-\mathrm{j}k_z z} \tag{5.37}$$

比较 TE_{mn} 模和 TM_{mn} 模可以发现，前者的下标 m, n 可以取零，后者不能取零，故 TE 模的最小截止波数要小于 TM 模。

具有最小截止波数的模式称为波导的**主模**，其他的模称为高次模。对于 $a > b$ 的矩形空波导，其主模便是 TE_{10} 模，其截止波数为 $k_c = \pi/a$，场分布如图 5.3 所示。

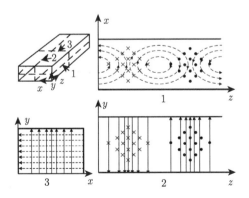

图 5.3　矩形波导主模 TE_{10} 的场分布

在很多情况下，我们希望波导**单模传输**，即只能主模传输。这时，电磁波的频率应大于主模的截止频率而小于第一高次模的截止频率。例如，对于 $a = 2b$ 的矩形波导，其截止波长分布如图 5.4 所示。当 $a < \lambda < 2a$ 时，波导中只能传 TE_{10} 模，可以做到单模工作。

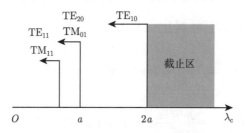

图 5.4 $a = 2b$ 的矩形波导的截止波长分布

5.3   波导正规模的特性

5.2 节以矩形波导为例，具体展示了波导分析的过程及其从结果中引出的重要概念。本节要讨论波导中不同模式之间的关系。假设波导中第 m 个模的场为 $\boldsymbol{E}_m, \boldsymbol{H}_m$，第 n 个模的场为 $\boldsymbol{E}_n, \boldsymbol{H}_n$，它们应满足下面的麦克斯韦方程：

$$\nabla \times \boldsymbol{H}_m = \mathrm{j}\omega\varepsilon\boldsymbol{E}_m \tag{5.38}$$

$$\nabla \times \boldsymbol{E}_m = -\mathrm{j}\omega\mu\boldsymbol{H}_m \tag{5.39}$$

$$\nabla \times \boldsymbol{H}_n = \mathrm{j}\omega\varepsilon\boldsymbol{E}_n \tag{5.40}$$

$$\nabla \times \boldsymbol{E}_n = -\mathrm{j}\omega\mu\boldsymbol{H}_n \tag{5.41}$$

$\boldsymbol{H}_n$ 点乘式 (5.39) 减去 $\boldsymbol{E}_m$ 点乘式 (5.40) 得

$$\boldsymbol{H}_n \cdot \nabla \times \boldsymbol{E}_m - \boldsymbol{E}_m \cdot \nabla \times \boldsymbol{H}_n = \nabla \cdot (\boldsymbol{E}_m \times \boldsymbol{H}_n)$$

$$= \mathrm{j}\omega \left(-\boldsymbol{H}_n \cdot \mu\boldsymbol{H}_m - \boldsymbol{E}_m \cdot \varepsilon\boldsymbol{E}_n \right) \tag{5.42}$$

E_n 点乘式 (5.38) 减去 H_m 点乘式 (5.41) 得

$$E_n \cdot \nabla \times H_m - H_m \cdot \nabla \times E_n = \nabla \cdot (H_m \times E_n)$$

$$= \mathrm{j}\omega \left(H_m \cdot \mu H_n + E_n \cdot \varepsilon E_m \right) \tag{5.43}$$

式 (5.42) 加上式 (5.43) 得

$$\nabla \cdot (E_m \times H_n - E_n \times H_m) = 0 \tag{5.44}$$

对式 (5.44) 在波导 z 和 $z + \Delta z$ 两平面及波导内壁所围区域积分得

$$\int_{S_1} (E_m \times H_n - E_n \times H_m) \cdot (-\hat{z}) \, \mathrm{d}S$$

$$+ \int_{S_c} (E_m \times H_n - E_n \times H_m) \cdot \hat{n} \mathrm{d}S$$

$$+ \int_{S_2} (E_m \times H_n - E_n \times H_m) \cdot (\hat{z}) \, \mathrm{d}S = 0 \tag{5.45}$$

式 (5.45) 的第二项, 即在波导内壁上的积分项, 显然为零, 因为在波导内壁上满足 $\hat{n} \times E = 0$。将式 (5.45) 中的场写成横向场和纵向场相加形式, 譬如 $E_m = E_{tm} + E_{zm}\hat{z}$, 其他类似, 这样式 (5.45) 便可简化成

$$\int_{S_1} (E_{tm} \times H_{tn} - E_{tn} \times H_{tm}) \cdot (-\hat{z}) \, \mathrm{d}S$$

$$+ \int_{S_2} (E_{tm} \times H_{tn} - E_{tn} \times H_{tm}) \cdot (\hat{z}) \, \mathrm{d}S = 0 \tag{5.46}$$

根据波导场分布特点, 如果第 m 个模和第 n 个模都沿正 z 方向传输, 那么

$$E_{tm} = \mathrm{e}^{-\gamma_m z} e_m (x, y), \quad H_{tm} = \frac{1}{Z_m} \mathrm{e}^{-\gamma_m z} h_m (x, y) \tag{5.47a}$$

$$E_{tn} = \mathrm{e}^{-\gamma_n z} e_n (x, y), \quad H_{tn} = \frac{1}{Z_n} \mathrm{e}^{-\gamma_n z} h_n (x, y) \tag{5.47b}$$

根据式 (5.16) 和式 (5.17)，不论 TE 模还是 TM 模，我们这里选择的模式函数都可使其满足

$$\boldsymbol{h}_m(x,y) = \hat{\boldsymbol{z}} \times \boldsymbol{e}_m(x,y) \tag{5.48a}$$

$$\int_S \boldsymbol{e}_m(x,y) \cdot \boldsymbol{e}_m(x,y) \mathrm{d}S = 1 \tag{5.48b}$$

将式 (5.47a) 和式 (5.47b) 代入式 (5.46) 得

$$(\gamma_m + \gamma_n)\int_S \left(\frac{1}{Z_n}\boldsymbol{e}_m \times \boldsymbol{h}_n - \frac{1}{Z_m}\boldsymbol{e}_n \times \boldsymbol{h}_m\right) \cdot (\hat{\boldsymbol{z}})\,\mathrm{d}S = 0 \tag{5.49}$$

显然 $\gamma_m + \gamma_n \neq 0$，故

$$\int_S \left(\frac{1}{Z_n}\boldsymbol{e}_m \times \boldsymbol{h}_n - \frac{1}{Z_m}\boldsymbol{e}_n \times \boldsymbol{h}_m\right) \cdot (\hat{\boldsymbol{z}})\,\mathrm{d}S = 0 \tag{5.50}$$

如果第 m 个模沿正 z 方向传输，而第 n 个模沿负 z 方向传输，那么第 m 个模的场分布不变，第 n 个模的场分布变成

$$\boldsymbol{E}_{tn} = \mathrm{e}^{\gamma_n z}\boldsymbol{e}_n(x,y), \quad \boldsymbol{H}_{tn} = -\frac{1}{Z_n}\mathrm{e}^{\gamma_n z}\boldsymbol{h}_n(x,y) \tag{5.51}$$

将式 (5.47) 和式 (5.51) 代入式 (5.46) 得

$$(\gamma_m - \gamma_n)\int_S \left(\frac{1}{Z_n}\boldsymbol{e}_m \times \boldsymbol{h}_n + \frac{1}{Z_m}\boldsymbol{e}_n \times \boldsymbol{h}_m\right) \cdot (\hat{\boldsymbol{z}})\,\mathrm{d}S = 0 \tag{5.52a}$$

如果 $\gamma_m \neq \gamma_n$，那么

$$\int_S \left(\frac{1}{Z_n}\boldsymbol{e}_m \times \boldsymbol{h}_n + \frac{1}{Z_m}\boldsymbol{e}_n \times \boldsymbol{h}_m\right) \cdot (\hat{\boldsymbol{z}})\,\mathrm{d}S = 0 \tag{5.52b}$$

式 (5.50) 和式 (5.52b) 相加可得

$$\int_S \boldsymbol{e}_m \times \boldsymbol{h}_n \cdot \hat{\boldsymbol{z}}\mathrm{d}S = 0, \quad \gamma_m \neq \gamma_n \tag{5.53a}$$

利用式 (5.48a) 和式 (5.48b)，可得

$$\int_S \boldsymbol{e}_m \times \boldsymbol{h}_n \cdot \hat{\boldsymbol{z}} \mathrm{d}S = \delta_{mn} \tag{5.53b}$$

$$\int_S \boldsymbol{e}_m \cdot \boldsymbol{e}_n \mathrm{d}S = \delta_{mn} \tag{5.53c}$$

这就是波导正规模最为一般的**正交性**。还可证明，不管波导中有何种形式的源，激励出何种形式的场，都可以用 TE_{mn} $(m, n = 0, 1, \cdots)$，TM_{mn} $(m, n = 1, 2, \cdots)$ 模式的线性组合来表达，即

$$\boldsymbol{E} = \sum_{m,n} a_{mn} \boldsymbol{e}_{\mathrm{TE}mn} + \sum_{m,n} b_{mn} \boldsymbol{e}_{\mathrm{TM}mn} \tag{5.54}$$

其中，a_{mn}, b_{mn} 分别为 TE 和 TM 各模式的系数。这称为波导模式的**完备性**。

5.4 传输线分析模型

传输线分析模型是微波技术中一个极其重要的分析模型。在实际问题中，往往是抓住场问题的关键，用传输线模型等效，以简化原来复杂的场问题，同时又不失问题的本质。

根据上述波导分析结果可知，对于波导中任意一个确定的传输模式，其切向电场 $\boldsymbol{E}_t$ 和切向磁场 $\boldsymbol{H}_t$ 在横截面的分布是固定的，不随传输改变，改变的只是它们的幅值，故可将电磁场幅值单独建模研究。一般可将电场幅值等效看成电压 U，磁场幅值等效看成电流 I，等效电压和电流满足的方程便是传输线方程。单模工作波导可用单个传输线方程表述；多模工作波导可用多个传输线方程表述。这样复杂的波导"场"问题便转化为简单的传输线"路"问题。

　　下面推导等效电压和电流所满足的传输线方程。具体来说，横向电磁场可表示为

$$\boldsymbol{E}_t(x,y,z) = U(z)\,\boldsymbol{e}_t(x,y) \tag{5.55}$$

$$\boldsymbol{H}_t(x,y,z) = I(z)\,\boldsymbol{h}_t(x,y) \tag{5.56}$$

且模式函数满足

$$\int_S (\boldsymbol{e}_t \times \boldsymbol{h}_t) \cdot \hat{\boldsymbol{z}}\mathrm{d}S = 1 \tag{5.57}$$

这里，S 表示波导横截面。根据麦克斯韦方程

$$\nabla \times \boldsymbol{E} = -\mathrm{j}\omega\mu\boldsymbol{H} \tag{5.58}$$

将算子 ∇ 分解为 $\nabla_t + \dfrac{\partial}{\partial z}\hat{\boldsymbol{z}}$，电场 $\boldsymbol{E}$ 分解为 $\boldsymbol{E}_t + E_z\hat{\boldsymbol{z}}$，磁场 $\boldsymbol{H}$ 分解为 $\boldsymbol{H}_t + H_z\hat{\boldsymbol{z}}$，这样式 (5.58) 左边可展成

$$\left(\nabla_t + \frac{\partial}{\partial z}\hat{\boldsymbol{z}}\right) \times (\boldsymbol{E}_t + E_z\hat{\boldsymbol{z}}) = \nabla_t \times \boldsymbol{E}_t + (\nabla_t E_z)$$
$$\times \hat{\boldsymbol{z}} + \hat{\boldsymbol{z}} \times \frac{\partial \boldsymbol{E}_t}{\partial z} \tag{5.59a}$$

于是，根据式 (5.58) 有

$$(\nabla_t E_z) \times \hat{\boldsymbol{z}} + \hat{\boldsymbol{z}} \times \frac{\partial \boldsymbol{E}_t}{\partial z} = -\mathrm{j}\omega\mu\boldsymbol{H}_t \tag{5.59b}$$

$$\nabla_t \times \boldsymbol{E}_t = -\mathrm{j}\omega\mu H_z\hat{\boldsymbol{z}} \tag{5.59c}$$

同样，根据

$$\nabla \times \boldsymbol{H} = \mathrm{j}\omega\varepsilon\boldsymbol{E} \tag{5.60}$$

可得

$$(\nabla_t H_z) \times \hat{\boldsymbol{z}} + \hat{\boldsymbol{z}} \times \frac{\partial \boldsymbol{H}_t}{\partial z} = \mathrm{j}\omega\varepsilon\boldsymbol{E}_t \tag{5.61a}$$

$$\nabla_t \times \boldsymbol{H}_t = \mathrm{j}\omega\varepsilon E_z \hat{\boldsymbol{z}} \tag{5.61b}$$

式 (5.59c) 两边点乘 $\hat{\boldsymbol{z}}$, 得

$$H_z = -\frac{1}{\mathrm{j}\omega\mu}\hat{\boldsymbol{z}} \cdot \nabla_t \times \boldsymbol{E}_t \tag{5.62}$$

将式 (5.62) 代入式 (5.61a) 得

$$-\frac{1}{\mathrm{j}\omega\mu}\nabla_t\left(\hat{\boldsymbol{z}} \cdot \nabla_t \times \boldsymbol{E}_t\right) \times \hat{\boldsymbol{z}} + \hat{\boldsymbol{z}} \times \frac{\partial \boldsymbol{H}_t}{\partial z} = \mathrm{j}\omega\varepsilon\boldsymbol{E}_t \tag{5.63}$$

利用下面恒等式:

$$\nabla\left(\boldsymbol{a} \cdot \boldsymbol{b}\right) = \boldsymbol{a} \times (\nabla \times \boldsymbol{b}) + \boldsymbol{b} \times (\nabla \times \boldsymbol{a})$$
$$+ (\boldsymbol{a} \cdot \nabla)\boldsymbol{b} + (\boldsymbol{b} \cdot \nabla)\boldsymbol{a} \tag{5.64}$$

化简式 (5.63) 左边第一项中的 $\nabla_t\left(\hat{\boldsymbol{z}} \cdot \nabla_t \times \boldsymbol{E}_t\right)$, 得

$$\nabla_t\left(\hat{\boldsymbol{z}} \cdot \nabla_t \times \boldsymbol{E}_t\right) = \hat{\boldsymbol{z}} \times \left(\nabla_t \times \nabla_t \times \boldsymbol{E}_t\right) \tag{5.65}$$

这样, 式 (5.63) 就化简成

$$-\frac{1}{\mathrm{j}\omega\mu}\nabla_t \times \nabla_t \times \boldsymbol{E}_t + \hat{\boldsymbol{z}} \times \frac{\partial \boldsymbol{H}_t}{\partial z} = \mathrm{j}\omega\varepsilon\boldsymbol{E}_t \tag{5.66}$$

将式 (5.55)、式 (5.56) 代入式 (5.66) 得

$$[\hat{\boldsymbol{z}} \times \boldsymbol{h}_t\left(x, y\right)]\frac{\partial I\left(z\right)}{\partial z} = \left[\mathrm{j}\omega\varepsilon\boldsymbol{e}_t\left(x, y\right) + \frac{1}{\mathrm{j}\omega\mu}\nabla_t\right.$$
$$\left. \times \nabla_t \times \boldsymbol{e}_t\left(x, y\right)\right]U\left(z\right) \tag{5.67}$$

上式两边点乘 $-\boldsymbol{e}_t$, 并在横截面 S 上作积分, 得

$$\left[\int_S -\boldsymbol{e}_t \cdot (\hat{\boldsymbol{z}} \times \boldsymbol{h}_t)\mathrm{d}S\right]\frac{\partial I}{\partial z} = \left[-\mathrm{j}\omega\varepsilon\int_S\left(\boldsymbol{e}_t - \frac{1}{k^2}\nabla_t \times \nabla_t \times \boldsymbol{e}_t\right) \cdot \boldsymbol{e}_t\mathrm{d}S\right]U \tag{5.68}$$

利用式 (5.57) 得

$$\frac{\partial I}{\partial z} = -\mathrm{j}\omega C_0 U = -Y_0 U \tag{5.69}$$

其中,

$$Y_0 = \mathrm{j}\omega C_0, \quad C_0 = \varepsilon \int_S \left(\boldsymbol{e}_t - \frac{1}{k^2} \nabla_t \times \nabla_t \times \boldsymbol{e}_t \right) \cdot \boldsymbol{e}_t \mathrm{d}S \tag{5.70}$$

同理可得

$$\frac{\partial U}{\partial z} = -\mathrm{j}\omega L_0 I = -Z_0 I \tag{5.71}$$

其中,

$$Z_0 = \mathrm{j}\omega L_0, \quad L_0 = \mu \int_S \left(\boldsymbol{h}_t - \frac{1}{k^2} \nabla_t \times \nabla_t \times \boldsymbol{h}_t \right) \cdot \boldsymbol{h}_t \mathrm{d}S \tag{5.72}$$

式 (5.69) 和式 (5.71) 便是传输线上电压和电流满足的方程,也称**电报方程**。

　　由此可见,如果我们只研究波导某一种模式的传输,那么三维波动矢量方程的求解便可转化为一维传输线方程的求解。至此,波导中的问题可以说被彻底解决了。

　　本章精彩之处在于发现了:波导结构下的麦克斯韦方程本征函数系可以由波导纵向场满足的标量亥姆霍兹方程本征函数系完备、系统地构建出来,换言之,建立了波导结构下矢量波动方程与标量波动方程的联系。一旦阐释清楚波导的电磁波本征模结构,便可聚焦于单个本征模的传输研究,这样标量亥姆霍兹方程的求解又可进一步简化成一维传输线方程的求解。在这一次次转化过程中,矢量分析工具总能帮助我们化难为易,变繁为简,充分展示了其力量之美。整个求解过程还昭示:本征函数系思想是分解复杂问题的一把锐器。

第6章 有源麦克斯韦方程之解——电磁波辐射

第4、5两章主要展示如何演绎无源麦克斯韦方程,从而认识麦克斯韦方程允许存在的电磁波形式及其具体特征,但没有论及怎么产生电磁波。本章将要展示如何演绎有源麦克斯韦方程,从而认识电磁波的产生机理。

源可以多种多样,产生的场也千变万化。给一个具体的源,解一次麦克斯韦方程,便产生一个具体的电磁波。如果对于每一个源,这个过程都重复一次,不仅烦琐,而且也不便于认识电磁波的产生机理。为了避免做重复的工作,以及理解电磁波产生的机理,这里可以借用数学家发明的一种思想:先求点源产生的电磁波 (这个点源产生的电磁波我们称之为**格林函数**),然后任何其他源产生的电磁波便是此源与格林函数的卷积,因为麦克斯韦方程是线性系统。这样源产生电磁波的过程,就从一个有源麦克斯韦方程求解过程变成了一个简单的积分过程。源产生电磁波的机理也就更简单、更清晰了。而且,从源产生电磁波的积分表达式出发,很容易演绎得到电磁波的特征。

6.1 自由空间中带源麦克斯韦方程的解

下面先求解一个点电流源在自由空间产生的电磁波。我们知道电磁波磁场的散度为零, 根据这个特征, 我们可以引入一个矢量势, 使得

$$H = -\nabla \times A \tag{6.1}$$

这样求解磁场便转化为求解矢量势。这个转化的好处在于方程 $\nabla \cdot \boldsymbol{H} = 0$ 自动满足，从而求解矢量势的方程数减少了。将式 (6.1) 代入法拉第定律便有

$$\nabla \times (\boldsymbol{E} - \mathrm{j}\omega\mu\boldsymbol{A}) = \boldsymbol{0} \tag{6.2}$$

注意任何梯度场的旋度为零，即有矢量恒等式 $\nabla \times \nabla\phi = \boldsymbol{0}$。因而，为表达电场 $\boldsymbol{E}$，可以再引入一个标量势 ϕ，这样 $\boldsymbol{E}$ 便可表示成

$$\boldsymbol{E} - \mathrm{j}\omega\mu\boldsymbol{A} = -\nabla\phi \tag{6.3}$$

将式 (6.1) 和式 (6.3) 代入安培定律便有

$$\nabla \times \nabla \times \boldsymbol{A} - k^2\boldsymbol{A} = -\boldsymbol{J} + \mathrm{j}\omega\varepsilon\nabla\phi \tag{6.4}$$

这里，$k = \omega\sqrt{\mu\varepsilon}$。使用矢量恒等式，上式可改写为

$$\nabla(\nabla \cdot \boldsymbol{A}) - \nabla^2\boldsymbol{A} - k^2\boldsymbol{A} = -\boldsymbol{J} + \mathrm{j}\omega\varepsilon\nabla\phi \tag{6.5}$$

显然 $\boldsymbol{A}$ 不能由关系式 (6.1) 唯一确定。要确定 $\boldsymbol{A}$，还需给出 $\nabla \cdot \boldsymbol{A}$。为求解方便，这里我们选择

$$\nabla \cdot \boldsymbol{A} = \mathrm{j}\omega\varepsilon\phi \tag{6.6}$$

于是式 (6.5) 便简化为只是含有矢量势 $\boldsymbol{A}$ 的矢量偏微分方程：

$$\nabla^2\boldsymbol{A} + k^2\boldsymbol{A} = \boldsymbol{J} \tag{6.7}$$

这是矢量亥姆霍兹方程。通过对式 (6.4) 取散度，以及利用式 (6.6)，便可得到关于标量势 ϕ 的标量亥姆霍兹方程：

$$\nabla^2\phi + k^2\phi = \frac{1}{\mathrm{j}\omega\varepsilon}\nabla \cdot \boldsymbol{J} \tag{6.8}$$

此时引入矢量势 $\boldsymbol{A}$ 的意义便可看出, 因为在某些正交曲线坐标系下, 矢量亥姆霍兹方程可转化为标量亥姆霍兹方程。在直角坐标系下有

$$\nabla^2 A_x + k^2 A_x = J_x \tag{6.9}$$

$$\nabla^2 A_y + k^2 A_y = J_y \tag{6.10}$$

$$\nabla^2 A_z + k^2 A_z = J_z \tag{6.11}$$

这里, A_x, A_y, A_z 和 J_x, J_y, J_z 是 $\boldsymbol{A}$ 和 $\boldsymbol{J}$ 在直角坐标系下的分量。因为标量亥姆霍兹方程的格林函数为

$$G(\boldsymbol{r}|\boldsymbol{r}') = -\frac{\mathrm{e}^{-\mathrm{j}k|\boldsymbol{r}-\boldsymbol{r}'|}}{4\pi\,|\boldsymbol{r}-\boldsymbol{r}'|} \tag{6.12}$$

这里, $\boldsymbol{r}'$ 代表源点位置, $\boldsymbol{r}$ 代表场点位置, 这样便有

$$\boldsymbol{A}(\boldsymbol{r}) = -\int \boldsymbol{J}(\boldsymbol{r}')G(\boldsymbol{r}|\boldsymbol{r}')\mathrm{d}\tau' \tag{6.13}$$

标量势 ϕ 可由式 (6.6) 直接得到

$$\phi(\boldsymbol{r}) = \frac{1}{\mathrm{j}\omega\varepsilon}\nabla\cdot\boldsymbol{A}(\boldsymbol{r}) \tag{6.14}$$

也可由解 (6.8) 得到

$$\phi(\boldsymbol{r}) = -\frac{1}{\mathrm{j}\omega\varepsilon}\int \nabla'\cdot\boldsymbol{J}(\boldsymbol{r}')G(\boldsymbol{r}|\boldsymbol{r}')\mathrm{d}\tau' \tag{6.15}$$

于是电场 $\boldsymbol{E}$ 便有两种表达式: 一种是将式 (6.13)、式 (6.14) 代入式 (6.3) 可得

$$\boldsymbol{E} = -\mathrm{j}\omega\mu\int\left(1+\frac{1}{k^2}\nabla\nabla\cdot\right)(\boldsymbol{J}G)\mathrm{d}\tau' \tag{6.16}$$

另一种是将式 (6.13)、式 (6.15) 代入式 (6.3) 可得

$$\boldsymbol{E} = -\mathrm{j}\omega\mu\int\left[\boldsymbol{J}+\frac{1}{k^2}\nabla(\nabla'\cdot\boldsymbol{J})\right]G\mathrm{d}\tau' \tag{6.17}$$

注意这两种表达式的不同。前者的两个 ∇ 算子都是对场点 r, 即都是作用在格林函数 G 上, 导致积分核奇异点阶次很高。然而, 由于等效源无须被作用, 在某些条件下, 如计算远场, 能化简得到简明表达式。因而此表达形式一般用于计算远场。后者的两个 ∇ 算子, 一个对场点 r, 作用在格林函数 G 上; 一个对源点 r', 作用在等效源上, 因而积分核奇异点阶次低于前者, 一般用于计算近场。再将式 (6.13) 代入式 (6.1), 便有

$$H = -\int J \times \nabla G \mathrm{d}\tau' \tag{6.18}$$

为了以后书写简洁, 我们引入下面两个积分微分算子。算子 L, K 分别为

$$L(X) = -\mathrm{j}k \int \left[X + \frac{1}{k^2}\nabla(\nabla' \cdot X) \right] G \mathrm{d}\tau' \tag{6.19}$$

$$K(X) = -\int X \times \nabla G \mathrm{d}\tau' \tag{6.20}$$

这样电场 E 和磁场 H 便可写成

$$E = ZL(J) \tag{6.21}$$

$$H = K(J) \tag{6.22}$$

这里, $Z = \sqrt{\mu/\varepsilon}$。用相同的方法或电磁对偶原理可以求出等效磁流产生的电磁场为

$$E = -K(M) \tag{6.23}$$

$$H = \frac{1}{Z}L(M) \tag{6.24}$$

根据线性叠加原理, 电流源和磁流源共同产生的电磁场便为

$$E = ZL(J) - K(M) \tag{6.25}$$

$$H = \frac{1}{Z}L(M) + K(J) \tag{6.26}$$

6.2 电流与磁流辐射场的其他数学表达形式

电流源和磁流源在均匀无限大介质中产生辐射场的数学表达形式在电磁场理论中具有极其重要的地位。这个公式是建立积分方程解决电磁问题的基础，是理解辐射和散射机理的依据，也是研究辐射场和散射场特点的出发点。上面给出了利用积分微分算子 $\boldsymbol{L}$ 和 $\boldsymbol{K}$ 的辐射场数学表达式，这个形式被广泛地应用于计算电磁学中。本节我们将给出其他表达形式，它们在某些问题中更适于应用。

6.2.1 Stratton-Chu 公式

由惠更斯等效原理可知，如果把包含辐射源的区域用一个闭合曲面 S_0 包住，那么只要在 S_0 的边界面上放置如下的电流源和磁流源：

$$\boldsymbol{J} = \hat{\boldsymbol{n}} \times \boldsymbol{H}, \quad \boldsymbol{M} = \boldsymbol{E} \times \hat{\boldsymbol{n}} \tag{6.27}$$

这里，$\hat{\boldsymbol{n}}$ 为 S_0 的外法向，那么这组源在无界均匀空间 (与 S_0 外同介质) 中所产生的辐射场在 S_0 外与原问题一样，S_0 内为零场。因此 S_0 外电场可表示成

$$
\begin{aligned}
\boldsymbol{E} &= Z\boldsymbol{L}(\boldsymbol{J}) - \boldsymbol{K}(\boldsymbol{M}) \\
&= -\mathrm{j}\omega\mu \oint_{S_0} \boldsymbol{J} G \mathrm{d}S' - \mathrm{j}\omega\mu \int_{S_0} \frac{1}{k^2} \nabla \left[(\nabla' \cdot \boldsymbol{J}) G \right] \mathrm{d}S' + \oint_{S_0} \boldsymbol{M} \times \nabla G \mathrm{d}S' \\
&= -\mathrm{j}\omega\mu \oint_{S_0} \boldsymbol{J} G \mathrm{d}S' - \mathrm{j}\omega\mu \int_{S_0} \frac{1}{k^2} (\nabla' \cdot \boldsymbol{J}) \nabla G \mathrm{d}S' + \oint_{S_0} \boldsymbol{M} \times \nabla G \mathrm{d}S'
\end{aligned}
\tag{6.28}
$$

由电流连续性方程

$$\nabla' \cdot \boldsymbol{J} = -\frac{\mathrm{d}\rho}{\mathrm{d}t} \quad \Rightarrow \quad \nabla' \cdot \boldsymbol{J} + \mathrm{j}\omega\rho = 0 \tag{6.29}$$

根据边界 S_0 法向电位移连续性条件

$$D_{1n} - D_{2n} = \rho \tag{6.30}$$

以及 S_0 内电磁场均为零，可得

$$E_{1n} = \frac{\rho}{\varepsilon_0} = -\frac{1}{\mathrm{j}\omega\varepsilon_0}\,\nabla' \cdot \boldsymbol{J}$$

即

$$\nabla' \cdot \boldsymbol{J} = -\mathrm{j}\omega\varepsilon_0 \hat{\boldsymbol{n}} \cdot \boldsymbol{E} \tag{6.31}$$

把式 (6.27)、式 (6.31) 代入式 (6.28) 得

$$\boldsymbol{E} = -\mathrm{j}\omega\mu\oint_{S_0}(\hat{\boldsymbol{n}}\times\boldsymbol{H})\,G\mathrm{d}S' - \oint_{S_0}(\hat{\boldsymbol{n}}\cdot\boldsymbol{E})\,\nabla G\mathrm{d}S' - \oint_{S_0}(\hat{\boldsymbol{n}}\times\boldsymbol{E})\times\nabla G\mathrm{d}S' \tag{6.32}$$

由格林函数性质可知，

$$\nabla'G = -\nabla G \tag{6.33}$$

故

$$\boldsymbol{E} = \oint_{S_0}[-\mathrm{j}\omega\mu(\hat{\boldsymbol{n}}\times\boldsymbol{H})\,G + (\hat{\boldsymbol{n}}\cdot\boldsymbol{E})\,\nabla'G + (\hat{\boldsymbol{n}}\times\boldsymbol{E})\times\nabla'G]\,\mathrm{d}S' \tag{6.34}$$

由对偶原理，将式 (6.34) 中的 μ 用 ε 替换，$\boldsymbol{E}$ 换成 $\boldsymbol{H}$，$\boldsymbol{H}$ 换成 $-\boldsymbol{E}$，即得

$$\boldsymbol{H} = \oint_{S_0}\{\mathrm{j}\omega\varepsilon[\hat{\boldsymbol{n}}\times\boldsymbol{E}]\,G + [\hat{\boldsymbol{n}}\cdot\boldsymbol{H}]\,\nabla'G + [\hat{\boldsymbol{n}}\times\boldsymbol{H}]\times\nabla'G\}\mathrm{d}S' \tag{6.35}$$

数学表达式 (6.34) 和 (6.35) 便是著名的 **Stratton-Chu 公式**。此公式与式 (6.25) 和式 (6.26) 的不同在于：Stratton-Chu 公式中等效面上电磁场法向分量对辐射场的贡献是显式表达的，而这在式 (6.25) 和式 (6.26) 中是隐性的或者说是间接表示的。

6.2.2 基尔霍夫公式

由 Stratton-Chu 公式，我们还可以在一定条件下推导出下面光学领域常用的计算光散射的基尔霍夫公式：

$$\boldsymbol{E} = \oint_{S_0} \left(\frac{\partial G}{\partial n} \boldsymbol{E} - \frac{\partial \boldsymbol{E}}{\partial n} G \right) \mathrm{d}S \tag{6.36}$$

以下给出证明。

将法拉第定律代入式 (6.34) 得

$$
\begin{aligned}
\boldsymbol{E}\left(\boldsymbol{r}\right) &= \oint_S \left\{ -\mathrm{j}\omega\mu\left[\hat{\boldsymbol{n}} \times \boldsymbol{H}\right] G + \left[\hat{\boldsymbol{n}} \times \boldsymbol{E}\right] \times \nabla'G + \left[\hat{\boldsymbol{n}} \cdot \boldsymbol{E}\right] \nabla'G \right\} \mathrm{d}S' \\
&= \oint_S \left\{ \left[\hat{\boldsymbol{n}} \times \nabla' \times \boldsymbol{E}\right] G + \left[\hat{\boldsymbol{n}} \times \boldsymbol{E}\right] \times \nabla'G + \left[\hat{\boldsymbol{n}} \cdot \boldsymbol{E}\right] \nabla'G \right\} \mathrm{d}S'
\end{aligned} \tag{6.37}
$$

由矢量恒等式得

$$\nabla'\left(\hat{\boldsymbol{n}} \cdot \boldsymbol{E}\right) = \hat{\boldsymbol{n}} \times \nabla' \times \boldsymbol{E} + \boldsymbol{E} \times \nabla' \times \hat{\boldsymbol{n}} + \left(\hat{\boldsymbol{n}} \cdot \nabla'\right)\boldsymbol{E} + \left(\boldsymbol{E} \cdot \nabla'\right)\hat{\boldsymbol{n}} \tag{6.38}$$

$$\left(\hat{\boldsymbol{n}} \times \boldsymbol{E}\right) \times \nabla'G = \left(\hat{\boldsymbol{n}} \cdot \nabla'G\right)\boldsymbol{E} - \left(\boldsymbol{E} \cdot \nabla'G\right)\hat{\boldsymbol{n}} \tag{6.39}$$

由于 S 面上没有自由电荷，因此 $\nabla' \cdot \boldsymbol{E} = 0$，进而式 (6.39) 中右端第二项可变为

$$
\begin{aligned}
\left(\boldsymbol{E} \cdot \nabla'G\right)\hat{\boldsymbol{n}} &= \hat{\boldsymbol{n}}\left[\left(\nabla' \cdot \boldsymbol{E}\right)G + \boldsymbol{E} \cdot \nabla'G\right] \\
&= \hat{\boldsymbol{n}}\nabla' \cdot \left(\boldsymbol{E}G\right)
\end{aligned} \tag{6.40}
$$

再由梯度定义可知

$$\hat{\boldsymbol{n}} \cdot \nabla'G = \frac{\partial G}{\partial n}, \quad \left(\hat{\boldsymbol{n}} \cdot \nabla'\right)\boldsymbol{E} = \frac{\partial \boldsymbol{E}}{\partial n} \tag{6.41}$$

将式 (6.38)、式 (6.41) 代入式 (6.37) 得

$$\boldsymbol{E}\left(\boldsymbol{r}\right) = \oint_S \left(\hat{\boldsymbol{n}} \times \nabla' \times \boldsymbol{E}\right)G\mathrm{d}S' + \oint_S \left(\hat{\boldsymbol{n}} \times \boldsymbol{E}\right) \times \nabla'G\mathrm{d}S' + \oint_S \left(\hat{\boldsymbol{n}} \cdot \boldsymbol{E}\right)\nabla'G\mathrm{d}S'$$

$$= \oint_S \left[\nabla' \left(\hat{\boldsymbol{n}} \cdot \boldsymbol{E} \right) - \left(\hat{\boldsymbol{n}} \cdot \nabla' \right) \boldsymbol{E} - \boldsymbol{E} \times \nabla' \times \hat{\boldsymbol{n}} + \left(\boldsymbol{E} \cdot \nabla' \right) \hat{\boldsymbol{n}} \right] G \mathrm{d}S'$$

$$+ \oint_S \left[\left(\hat{\boldsymbol{n}} \cdot \nabla'G \right) \boldsymbol{E} - \left(\boldsymbol{E} \cdot \nabla'G \right) \hat{\boldsymbol{n}} \right] \mathrm{d}S' + \oint_S \left(\hat{\boldsymbol{n}} \cdot \boldsymbol{E} \right) \nabla'G \mathrm{d}S'$$

$$= \oint_S \left[\frac{\partial G}{\partial n} \boldsymbol{E} - \frac{\partial \boldsymbol{E}}{\partial n} G \right] \mathrm{d}S'$$

$$+ \oint_S \left\{ \left[\nabla' \left(\hat{\boldsymbol{n}} \cdot \boldsymbol{E} \right) - \boldsymbol{E} \times \nabla' \times \hat{\boldsymbol{n}} - \left(\boldsymbol{E} \cdot \nabla' \right) \hat{\boldsymbol{n}} \right] G \right.$$

$$\left. - \hat{\boldsymbol{n}} \nabla' \cdot \left(\boldsymbol{E}G \right) + \left(\hat{\boldsymbol{n}} \cdot \boldsymbol{E} \right) \nabla'G \right\} \mathrm{d}S' \tag{6.42}$$

再将式 (6.42) 第二行的第一项和第三行的第二项合并，即有

$$\boldsymbol{E} \left(\boldsymbol{r} \right) = \oint_S \left[\frac{\partial G}{\partial n} \boldsymbol{E} - \frac{\partial \boldsymbol{E}}{\partial n} G \right] \mathrm{d}S' + \oint_S \nabla' \left(\hat{\boldsymbol{n}} \cdot \boldsymbol{E}G \right) \mathrm{d}S' - \oint_S \hat{\boldsymbol{n}} \nabla' \cdot \left(\boldsymbol{E}G \right) \mathrm{d}S'$$

$$- \oint_S \left[\boldsymbol{E}G \times \nabla' \times \hat{\boldsymbol{n}} + \left(\boldsymbol{E}G \cdot \nabla' \right) \hat{\boldsymbol{n}} \right] \mathrm{d}S' \tag{6.43}$$

将式 (6.43) 右边第一行第二项中被积函数展开：

$$\nabla' \left(\hat{\boldsymbol{n}} \cdot \boldsymbol{E}G \right) = \hat{\boldsymbol{n}} \times \nabla' \times \left(\boldsymbol{E}G \right) + \boldsymbol{E}G \times \nabla' \times \hat{\boldsymbol{n}} + \left(\hat{\boldsymbol{n}} \cdot \nabla' \right) \left(\boldsymbol{E}G \right) + \left(\boldsymbol{E}G \cdot \nabla' \right) \hat{\boldsymbol{n}} \tag{6.44}$$

因此式 (6.43) 可简化为

$$\boldsymbol{E} \left(\boldsymbol{r} \right) = \oint_S \left[\frac{\partial G}{\partial n} \boldsymbol{E} - \frac{\partial \boldsymbol{E}}{\partial n} G \right] \mathrm{d}S' + \oint_S \hat{\boldsymbol{n}} \times \nabla' \times \left(\boldsymbol{E}G \right) \mathrm{d}S'$$

$$+ \oint_S \left(\hat{\boldsymbol{n}} \cdot \nabla' \right) \left(\boldsymbol{E}G \right) \mathrm{d}S' - \oint_S \hat{\boldsymbol{n}} \nabla' \cdot \left(\boldsymbol{E}G \right) \mathrm{d}S' \tag{6.45}$$

利用下面矢量积分定理：

$$\oint_S \hat{\boldsymbol{n}} \times \nabla' \times (\boldsymbol{E}G)\,\mathrm{d}S' = \int_V \nabla' \times \nabla' \times (\boldsymbol{E}G)\,\mathrm{d}V$$

$$\oint_S (\hat{\boldsymbol{n}} \cdot \nabla')(\boldsymbol{E}G)\,\mathrm{d}S' = \int_V (\nabla' \cdot \nabla')(\boldsymbol{E}G)\,\mathrm{d}V = \int_V (\nabla'^2)(\boldsymbol{E}G)\,\mathrm{d}V$$

$$\oint_S \hat{\boldsymbol{n}}\nabla' \cdot (\boldsymbol{E}G)\,\mathrm{d}S' = \int_V \nabla'\nabla' \cdot (\boldsymbol{E}G)\,\mathrm{d}V \tag{6.46}$$

我们知道矢量拉普拉斯算子有如下恒等式：

$$(\nabla'^2)(\boldsymbol{E}G) = \nabla'\nabla' \cdot (\boldsymbol{E}G) - \nabla' \times \nabla' \times (\boldsymbol{E}G) \tag{6.47}$$

故式 (6.45) 右边后面三项之和为 0，所以矢量基尔霍夫公式 (6.36) 成立。

6.3 激励源辐射场的远场近似

下面考虑式 (6.16) 在远场下的近似。远场这里泛指 $k|\boldsymbol{r}-\boldsymbol{r}'| \gg 1$。在远场条件下标量格林函数可近似成

$$G(\boldsymbol{r}|\boldsymbol{r}') \approx \frac{\mathrm{e}^{-\mathrm{j}kr}}{4\pi r}\mathrm{e}^{\mathrm{j}k\boldsymbol{r}'\cdot\hat{\boldsymbol{r}}}$$

$$= g_1(r)g_2(\theta,\phi) \tag{6.48}$$

其中

$$g_1(r) = \frac{\mathrm{e}^{-\mathrm{j}kr}}{4\pi r} \tag{6.49}$$

$$g_2(\theta,\phi) = \mathrm{e}^{\mathrm{j}k\boldsymbol{r}'\cdot\hat{\boldsymbol{r}}} \tag{6.50}$$

在球坐标系下，函数 g_1 只是 r 的函数，与 θ, ϕ 无关；g_2 只是 θ, ϕ 的函数，与 r 无关。于是在球坐标系下

$$\nabla g_2(\theta,\phi) = \hat{\boldsymbol{\theta}}\frac{1}{r}\frac{\partial}{\partial\theta}\left(\mathrm{e}^{\mathrm{j}k\boldsymbol{r}'\cdot\hat{\boldsymbol{r}}}\right) + \hat{\boldsymbol{\phi}}\frac{1}{r\sin\theta}\frac{\partial}{\partial\phi}\left(\mathrm{e}^{\mathrm{j}k\boldsymbol{r}'\cdot\hat{\boldsymbol{r}}}\right) = O\left(\frac{1}{r}\right) \tag{6.51}$$

$$\nabla g_1(r) = \hat{\boldsymbol{r}} \frac{\partial}{\partial r} \left(\frac{\mathrm{e}^{-\mathrm{j}kr}}{4\pi r} \right) = \hat{\boldsymbol{r}} \left(-\frac{1+\mathrm{j}kr}{4\pi r^2} \mathrm{e}^{-\mathrm{j}kr} \right) = \hat{\boldsymbol{r}} \left[-\mathrm{j}k g_1(r) + O\left(\frac{1}{r^2} \right) \right] \tag{6.52}$$

因此

$$\nabla G = g_1 \nabla g_2 + g_2 \nabla g_1$$

$$= O\left(\frac{1}{r} \right) \cdot O\left(\frac{1}{r} \right) + g_2 \cdot \hat{\boldsymbol{r}} \left[-\mathrm{j}k g_1(r) + O\left(\frac{1}{r^2} \right) \right]$$

$$= -\mathrm{j}kG\hat{\boldsymbol{r}} + O\left(\frac{1}{r^2} \right) \tag{6.53}$$

式中, 符号 $O\left(\dfrac{1}{r^2} \right)$ 表示量级为 $\dfrac{1}{r^2}$ 的无穷小量。忽略高阶量后有

$$\nabla G \approx -\mathrm{j}kG\hat{\boldsymbol{r}} \tag{6.54}$$

于是

$$\nabla \nabla \cdot [\boldsymbol{J}(\boldsymbol{r}')G] = \nabla [G \nabla \cdot \boldsymbol{J}(\boldsymbol{r}') + \boldsymbol{J}(\boldsymbol{r}') \cdot \nabla G] = \nabla [\boldsymbol{J}(\boldsymbol{r}') \cdot \nabla G]$$

$$\approx \nabla [\boldsymbol{J}(\boldsymbol{r}') \cdot (-\mathrm{j}kG\hat{\boldsymbol{r}})] = -\mathrm{j}k\nabla [G\hat{\boldsymbol{r}} \cdot \boldsymbol{J}(\boldsymbol{r}')]$$

$$= -\mathrm{j}k \left\{ [\hat{\boldsymbol{r}} \cdot \boldsymbol{J}(\boldsymbol{r}')] \nabla G + G\nabla [\hat{\boldsymbol{r}} \cdot \boldsymbol{J}(\boldsymbol{r}')] \right\} \tag{6.55a}$$

又

$$\nabla [\hat{\boldsymbol{r}} \cdot \boldsymbol{J}(\boldsymbol{r}')] = \hat{\boldsymbol{r}} \times \nabla \times \boldsymbol{J}(\boldsymbol{r}') + \boldsymbol{J}(\boldsymbol{r}') \times \nabla \times \hat{\boldsymbol{r}} + (\hat{\boldsymbol{r}} \cdot \nabla) \boldsymbol{J}(\boldsymbol{r}')$$

$$+ (\boldsymbol{J}(\boldsymbol{r}') \cdot \nabla) \hat{\boldsymbol{r}} = (\boldsymbol{J}(\boldsymbol{r}') \cdot \nabla) \hat{\boldsymbol{r}}$$

$$= \frac{1}{r} \left(J_\theta \hat{\boldsymbol{\theta}} + J_\phi \hat{\boldsymbol{\phi}} \right) = O\left(\frac{1}{r} \right) \tag{6.55b}$$

所以

$$\nabla \nabla \cdot [\boldsymbol{J}(\boldsymbol{r}')G] = -\mathrm{j}k \left\{ [\hat{\boldsymbol{r}} \cdot \boldsymbol{J}(\boldsymbol{r}')] \nabla G + G\nabla [\hat{\boldsymbol{r}} \cdot \boldsymbol{J}(\boldsymbol{r}')] \right\}$$

$$= -\mathrm{j}k\left[\hat{\boldsymbol{r}} \cdot \boldsymbol{J}\left(\boldsymbol{r}'\right)\right]\left[-\mathrm{j}kG\hat{\boldsymbol{r}} + O\left(\frac{1}{r^2}\right)\right] + G \cdot O\left(\frac{1}{r}\right)$$

$$= -k^2 G\left[\hat{\boldsymbol{r}} \cdot \boldsymbol{J}\left(\boldsymbol{r}'\right)\right]\hat{\boldsymbol{r}} + O\left(\frac{1}{r^2}\right) \tag{6.55c}$$

故

$$\nabla\nabla \cdot \left[\boldsymbol{J}\left(\boldsymbol{r}'\right)G\right] \approx -k^2\left[\hat{\boldsymbol{r}} \cdot \boldsymbol{J}\left(\boldsymbol{r}'\right)\right]G\hat{\boldsymbol{r}} \tag{6.55d}$$

由上式可知在球坐标系下激励源产生的辐射场 $\boldsymbol{E}$ 只有 θ, ϕ 分量，可表示成

$$\boldsymbol{E} \approx -\mathrm{j}\omega\mu\boldsymbol{N}_t = -\mathrm{j}kZ\boldsymbol{N}_t \tag{6.56}$$

其中，Z 是自由空间波阻抗；$\boldsymbol{N}_t$ 表示下列 $\boldsymbol{N}$ 相对于 $\hat{\boldsymbol{r}}$ 方向的横向分量：

$$\boldsymbol{N} = \frac{\mathrm{e}^{-\mathrm{j}kr}}{4\pi r}\int \boldsymbol{J}(\boldsymbol{r}')\mathrm{e}^{\mathrm{j}kr' \cdot \hat{r}}\mathrm{d}\tau' \tag{6.57}$$

同样方法可推得

$$\boldsymbol{H} \approx -\mathrm{j}k\hat{\boldsymbol{r}} \times \boldsymbol{N}_t = \frac{1}{Z}\hat{\boldsymbol{r}} \times \boldsymbol{E} \tag{6.58}$$

这样，对于一般情形，即电流源 $\boldsymbol{J}$ 和磁流源 $\boldsymbol{M}$ 共同产生的辐射场的远场近似表达式为

$$\boldsymbol{E} \approx D\hat{\boldsymbol{r}} \times \int[Z\hat{\boldsymbol{r}} \times \boldsymbol{J} + \boldsymbol{M}]\mathrm{e}^{\mathrm{j}kr' \cdot \hat{r}}\mathrm{d}\tau' \tag{6.59}$$

$$\boldsymbol{H} \approx D\hat{\boldsymbol{r}} \times \int\left[\frac{1}{Z}\hat{\boldsymbol{r}} \times \boldsymbol{M} - \boldsymbol{J}\right]\mathrm{e}^{\mathrm{j}kr' \cdot \hat{r}}\mathrm{d}\tau' \tag{6.60}$$

其中，

$$D = \mathrm{j}k\frac{\mathrm{e}^{-\mathrm{j}kr}}{4\pi r} \tag{6.61}$$

进一步观察式 (6.57)，如果引入

$$k_x = k\hat{\boldsymbol{r}} \cdot \hat{\boldsymbol{x}} = k\sin\theta\cos\phi$$
$$k_y = k\hat{\boldsymbol{r}} \cdot \hat{\boldsymbol{y}} = k\sin\theta\sin\phi \tag{6.62}$$
$$k_z = k\hat{\boldsymbol{r}} \cdot \hat{\boldsymbol{z}} = k\cos\theta$$

那么式 (6.57) 可以进一步写为

$$\boldsymbol{N} = \frac{\mathrm{e}^{-\mathrm{j}kr}}{4\pi r}\int \boldsymbol{J}(\boldsymbol{r}')\mathrm{e}^{\mathrm{j}kr'\cdot\hat{r}}\mathrm{d}\tau' = \frac{\mathrm{e}^{-\mathrm{j}kr}}{4\pi r}\int \boldsymbol{J}(\boldsymbol{r}')\mathrm{e}^{\mathrm{j}(k_x x'+k_y y'+k_z z')}\mathrm{d}x'\mathrm{d}y'\mathrm{d}z'$$
$$\tag{6.63}$$

上式为 $\boldsymbol{J}(\boldsymbol{r}')$ 的傅里叶变换式。故从上式可以看出，远场的本质就是电流源、磁流源作空间傅里叶变换。因此在计算远场时，可以应用快速傅里叶变换加速计算。

6.4　辐　射　条　件

将式 (6.58) 代入下式：

$$\begin{aligned}
\nabla \times \boldsymbol{E} + \mathrm{j}k_0\hat{\boldsymbol{r}} \times \boldsymbol{E} &= -\mathrm{j}\omega\mu\boldsymbol{H} + \mathrm{j}k_0\hat{\boldsymbol{r}} \times \boldsymbol{E} \\
&= -\mathrm{j}k_0 Z\left[\frac{1}{Z}\hat{\boldsymbol{r}} \times \boldsymbol{E} + O\left(\frac{1}{r^2}\right)\right] + \mathrm{j}k_0\hat{\boldsymbol{r}} \times \boldsymbol{E} \\
&= O\left(\frac{1}{r^2}\right)
\end{aligned} \tag{6.64}$$

故

$$\lim_{r\to\infty} r\left[\nabla \times \boldsymbol{E} + \mathrm{j}k_0\hat{\boldsymbol{r}} \times \boldsymbol{E}\right] = \lim_{r\to\infty} r\left[O\left(\frac{1}{r^2}\right)\right] = \lim_{r\to\infty} O\left(\frac{1}{r}\right) = 0$$
$$\tag{6.65}$$

同理可证

$$\lim_{r\to\infty} r\left[\nabla \times \boldsymbol{H} + \mathrm{j}k_0\hat{\boldsymbol{r}} \times \boldsymbol{H}\right] = 0 \tag{6.66}$$

式 (6.65) 和式 (6.66) 就是我们通常使用的**辐射边界条件**(radiation bou-
ndary condition)。

千变万化的源, 其解竟然能简洁统一地表达出来, 这是何等得美妙!
美源于格林函数的思想: 千变万化的源都是由点源组合而成的, 点源解
是基础。点源解得到了, 其他源的解便是点源解与源的卷积。本章演绎
还告诉我们: 尽管一般意义下电磁场分布极其复杂, 但是远场特征却简
单明了。广而言之, 尽管一般意义下事物的组成是极其复杂的, 但是在
某些具体情况下, 真正起作用的要素并不多, 发现了这些要素, 便掌握
了事物的演变机理, 复杂事物也就简单了。这个发现过程, 从数学上看,
就是明晰条件, 并在条件下作近似计算。

第7章 球边界麦克斯韦方程之解——金属球散射

电磁波照射到物体上，会产生向各个方向传开的电磁波，这种现象被称为散射现象，这个现象有很多用途。雷达就是利用这个现象来探测目标的。不同物体的散射特征是不同的。要清晰掌握目标散射特征离不开求解有源麦克斯韦方程。不过，散射现象中的源与第 6 章辐射现象中的源不同。雷达中散射现象的源一般距物体较远，因此在电磁波照射的物体范围内可视为均匀平面波，而且直接把此均匀平面波视为产生散射场的源；辐射现象中的源一般不能视为均匀平面波。

那么，能否用第 5 章的方法求解得到散射场呢？原则上是可以的。电磁波照射到物体上，会在物体上产生感应 (或极化) 电流。不妨以这个感应 (或极化) 电流作为未知数，那么此感应 (或极化) 电流产生的散射场便可由第 5 章公式积分得到；利用总场所满足的边界条件，或者与未知电流的关系，可建立一个积分方程；求解这个积分方程便可求出感应 (或极化) 电流。但是，这个积分方程一般很难解析求解，通常需要数值方法求解。

本章将提供另一个求解典型目标散射的方法。这个求解方法的基本思想是：首先求出满足物体边界的本征函数系，然后将入射场和散射场都用本征函数系表示出来，当然入射场本征函数级数展开式中的系数是已知确定的，散射场本征函数展开式中的系数是待定的，它们一般利用总场所满足的边界条件或者与未知电流的关系求出来。这个方法一般被称为本征函数法或模式展开法。下面我们就以球为例来展示这种方法的求解过程。

这个方法的第一步，也是最关键的一步就是要求出满足物体边界条件的麦克斯韦方程本征函数系。这种求出满足边界的麦克斯韦方程本征函数系的工作在第 5 章已经展示过。只不过那里是求出满足波导边界的麦克斯韦方程本征函数系，这里是求出满足金属球边界的麦克斯韦方程本征函数系。第 5 章的办法是先找到纵向场满足标量亥姆霍兹方程，然后横向场由纵向场表达出来。依此，我们似乎应该先看看电磁场的 r 分量或其他分量是否满足标量亥姆霍兹方程？如果满足，那么便可仿照第 5 章的方法求出满足金属球边界的麦克斯韦方程本征函数系。遗憾的是，球坐标系下电磁场的任何一个分量都不满足标量亥姆霍兹方程，只能另辟蹊径!

7.1　球坐标系下麦克斯韦方程本征函数系

不过大致的思路应该还是：第一步，求出一个满足金属球边界的标量亥姆霍兹方程本征函数系；第二步，利用这个本征函数系来构建满足金属球边界的麦克斯韦方程本征函数系。第一步是标准化过程，很简单，关键在于第二步。这第二步需要构想，是个逆过程，一般只有在做了大量矢量运算之后才有可能构想出来。实际上，做过大量矢量运算之后，一般会有这样的感觉：球坐标系下，对位置矢量 r 的 ∇ 运算会产生各种各样有意思的结果。经过尝试发现：r 与标量亥姆霍兹方程本征函数系 V 的乘积所构成的函数 $\mathbf{\Pi} = \Pi\hat{r} = V\boldsymbol{r}$，一般称为德拜 (Debye) 势，能构建球坐标系下麦克斯韦方程的本征函数系。即如果 V 满足标量亥姆霍兹方程，那么电场 $\boldsymbol{E} = \nabla \times \mathbf{\Pi}$ 或磁场 $\boldsymbol{H} = \nabla \times \mathbf{\Pi}$ 均满足麦克斯韦方程。下面证明电场 $\boldsymbol{E} = \nabla \times \boldsymbol{\Pi}$ 满足麦克斯韦方程。磁场将同理可证。

首先用矢量恒等式化简电场表达式:

$$\boldsymbol{E} = \nabla \times \boldsymbol{\Pi}$$
$$= \nabla \times (V\boldsymbol{r})$$
$$= \nabla V \times \boldsymbol{r} + V \nabla \times \boldsymbol{r}$$
$$= \nabla V \times \boldsymbol{r} \tag{7.1}$$

再计算 $\nabla \times \boldsymbol{E}$:

$$\nabla \times \boldsymbol{E} = \nabla \times (\nabla V \times \boldsymbol{r})$$
$$= (\boldsymbol{r} \cdot \nabla) \nabla V - (\nabla^2 V) \boldsymbol{r} + \nabla V (\nabla \cdot \boldsymbol{r}) - (\nabla V \cdot \nabla) \boldsymbol{r}$$
$$= (\boldsymbol{r} \cdot \nabla) \nabla V - (\nabla^2 V) \boldsymbol{r} + 3\nabla V - \nabla V$$
$$= (\boldsymbol{r} \cdot \nabla) \nabla V - (\nabla^2 V) \boldsymbol{r} + 2\nabla V \tag{7.2a}$$

最后计算 $\nabla \times \nabla \times \boldsymbol{E}$:

$$\nabla \times \nabla \times \boldsymbol{E} = \nabla \times \left[(\boldsymbol{r} \cdot \nabla) \nabla V - (\nabla^2 V)\boldsymbol{r} + 2\nabla V \right]$$
$$= \nabla \times \left[(\boldsymbol{r} \cdot \nabla) \nabla V \right] - \left[\nabla (\nabla^2 V) \right] \times \boldsymbol{r} \tag{7.2b}$$

下面我们来分析式 (7.2b) 中第 2 行的第一项:

$$\nabla \times \left[(\boldsymbol{r} \cdot \nabla) \nabla V \right] = \nabla \times \left[x \frac{\partial \nabla V}{\partial x} + y \frac{\partial \nabla V}{\partial y} + z \frac{\partial \nabla V}{\partial z} \right]$$
$$= \nabla \times \left[\nabla \left(x \frac{\partial V}{\partial x} + y \frac{\partial V}{\partial y} + z \frac{\partial V}{\partial z} \right) - \nabla V \right]$$
$$= 0 \tag{7.3}$$

所以

$$\nabla \times \nabla \times \boldsymbol{E} = - \left[\nabla (\nabla^2 V) \right] \times \boldsymbol{r} \tag{7.4}$$

故

$$\nabla \times \nabla \times \boldsymbol{E} - k^2 \boldsymbol{E} = - \left[\nabla \left(\nabla^2 V \right) \right] \times \boldsymbol{r} - k^2 \nabla V \times \boldsymbol{r}$$

$$= -\nabla \left[\nabla^2 V + k^2 V \right] \times \boldsymbol{r} \tag{7.5}$$

因此，如果 V 满足标量亥姆霍兹方程 $\nabla^2 V + k^2 V = 0$，那么电场 $\boldsymbol{E} = \nabla \times \boldsymbol{\Pi}$ 满足矢量波动方程 $\nabla \times \nabla \times \boldsymbol{E} - k^2 \boldsymbol{E} = \boldsymbol{0}$。故只要求出球坐标系下标量亥姆霍兹方程的本征函数系，电场的本征函数系就可由 $\boldsymbol{E} = \nabla \times \boldsymbol{\Pi}$ 求出。为了与后面德拜势区分，我们将直接求出的电场德拜势称为电场德拜势，记为 $\boldsymbol{\Pi}_{\mathrm{e}} = \Pi_{\mathrm{e}} \hat{\boldsymbol{r}}$。具体而言，电场的各分量可由德拜势表达出来：

$$E_r = 0$$

$$E_\theta = \frac{1}{r \sin \theta} \frac{\partial \Pi_{\mathrm{e}}}{\partial \phi} \tag{7.6}$$

$$E_\phi = -\frac{1}{r} \frac{\partial \Pi_{\mathrm{e}}}{\partial \theta}$$

再由 $\boldsymbol{H} = -\dfrac{1}{\mathrm{j}\omega\mu} \nabla \times \boldsymbol{E}$ 可得磁场各分量表达式：

$$H_r = -\frac{1}{\mathrm{j}\omega\mu} \left(\frac{\partial^2}{\partial r^2} + k^2 \right) \Pi_{\mathrm{e}}$$

$$H_\theta = -\frac{1}{\mathrm{j}\omega\mu r} \frac{\partial^2 \Pi_{\mathrm{e}}}{\partial r \partial \theta} \tag{7.7}$$

$$H_\phi = -\frac{1}{\mathrm{j}\omega\mu r \sin \theta} \frac{\partial^2 \Pi_{\mathrm{e}}}{\partial r \partial \phi}$$

因为这种方式求出的电磁场在 r 方向没有电场分量，所以将其称为 TE 波。换个方式，先由德拜势求出磁场，再求出电场，我们将得到在 r 方向没有磁场分量的电磁波，我们将其称为 TM 波，即 $\boldsymbol{H} = \nabla \times \boldsymbol{\Pi}_{\mathrm{m}}$ 求得磁场分量：

$$
\begin{aligned}
H_r &= 0 \\
H_\theta &= \frac{1}{r\sin\theta}\frac{\partial \Pi_{\mathrm{m}}}{\partial \phi} \\
H_\phi &= -\frac{1}{r}\frac{\partial \Pi_{\mathrm{m}}}{\partial \theta}
\end{aligned}
\tag{7.8}
$$

再由 $\boldsymbol{E} = \dfrac{1}{\mathrm{j}\omega\varepsilon}\nabla\times\boldsymbol{H}$ 可得电场分量表达式：

$$
E_r = \frac{1}{\mathrm{j}\omega\varepsilon}\left(\frac{\partial^2}{\partial r^2} + k^2\right)\Pi_{\mathrm{m}}
$$

$$
E_\theta = \frac{1}{\mathrm{j}\omega\varepsilon r}\frac{\partial^2 \Pi_{\mathrm{m}}}{\partial r\partial\theta}
\tag{7.9}
$$

$$
E_\phi = \frac{1}{\mathrm{j}\omega\varepsilon r\sin\theta}\frac{\partial^2 \Pi_{\mathrm{m}}}{\partial r\partial\phi}
$$

下面只需按照通常数理方程的求解方法就可求出以下标量亥姆霍兹方程在球坐标系下的本征函数系：

$$
\nabla^2 V + k^2 V = 0
\tag{7.10}
$$

利用分离变量法，在球坐标系下可求出

$$
V\left(r,\theta,\phi\right) = R\left(r\right)H\left(\theta\right)\Phi\left(\phi\right)
\tag{7.11}
$$

其中，$R\left(r\right)$，$H\left(\theta\right)$，$\Phi\left(\phi\right)$ 满足下列方程：

$$
\frac{\mathrm{d}}{\mathrm{d}r}\left(r^2\frac{\mathrm{d}R}{\mathrm{d}r}\right) + \left[\left(kr\right)^2 - n\left(n+1\right)\right]R = 0
\tag{7.12}
$$

$$
\frac{1}{\sin\theta}\frac{\mathrm{d}}{\mathrm{d}\theta}\left(\sin\frac{\mathrm{d}H}{\mathrm{d}\theta}\right) + \left[n\left(n+1\right) - \frac{m^2}{\sin^2\theta}\right]H = 0
\tag{7.13}
$$

$$
\frac{\mathrm{d}^2\Phi}{\mathrm{d}\phi^2} + m^2\Phi = 0
\tag{7.14}
$$

我们知道 $R(r)$ 的大宗量近似应该为 $\dfrac{\mathrm{e}^{-\mathrm{j}r}}{r}$,而贝塞尔 (Bessel) 函数的大宗量近似为 $\sqrt{2/j\pi r}\mathrm{e}^{-\mathrm{j}r}$。因此,如果令 $\xi = kr, R = \sqrt{\pi/2}\xi^{-1/2}T$,式 (7.12) 就有可能转化为标准贝塞尔方程。实际上,变换后式 (7.12) 变为

$$\xi\frac{\mathrm{d}}{\mathrm{d}\xi}\left(\xi\frac{\mathrm{d}T}{\mathrm{d}\xi}\right) + \left[\xi^2 - \left(n+\frac{1}{2}\right)^2\right]T = 0 \tag{7.15}$$

因此 T 为 $n + 1/2$ 阶贝塞尔函数,记为 $Z_{n+1/2}(\xi)$,故 R 可表示成

$$R = b_n(kr) = \sqrt{\frac{\pi}{2kr}}Z_{n+1/2}(kr) \tag{7.16}$$

一般称 $b_n(kr)$ 为球形贝塞尔函数,有表示驻波的 $\mathrm{j}_n(kr)$ 或 $\mathrm{n}_n(kr)$,和表示向内传播的第一类 $\mathrm{h}_n^{(1)}(kr)$,向外传播的第二类 $\mathrm{h}_n^{(2)}(kr)$。由于德拜势一般都是 r 乘上球形贝塞尔函数 $b_n(kr)$,故这里引入另一类球形贝塞尔函数 $\hat{B}_n(kr)$,定义为

$$\hat{B}_n(kr) = krb_n(kr) = \sqrt{\frac{\pi kr}{2}}Z_{n+1/2}(kr) \tag{7.17}$$

不难验证这类球形贝塞尔函数满足下面的偏微分方程:

$$\left[\frac{\mathrm{d}^2}{\mathrm{d}r^2} + k^2 - \frac{n(n+1)}{r^2}\right]\hat{B}_n = 0 \tag{7.18}$$

再看式 (7.13) 和式 (7.14)。易知式 (7.14) 的解为谐波函数。式 (7.13) 的解,由数理方程理论也可知,为 Legendre 多项式 $\mathrm{P}_n^m(\cos\theta)$,故德拜势可表示成

$$\Pi = \hat{B}_n(kr)\mathrm{P}_n^m(\cos\theta)\left\{\begin{array}{l}\cos m\phi \\ \sin m\phi\end{array}\right\} \tag{7.19}$$

7.2 平面波的金属球散射

至此,球坐标系下麦克斯韦方程的本征函数系已完全构造出来。下

面我们就用这个本征函数系来具体求解平面波的散射。不失一般性, 假设入射波为 x 方向极化, 沿 z 方向传播的平面波, 即

$$E_x^i = E_0 e^{-jkz} = E_0 e^{-jkr\cos\theta} \tag{7.20}$$

$$H_y^i = \frac{E_0}{\eta} e^{-jkz} = \frac{E_0}{\eta} e^{-jkr\cos\theta} \tag{7.21}$$

为了便于利用边界条件, 将入射波分解成相对于 r 方向的 TM 分量和 TE 分量。表述入射波 TM 分量的德拜势 Π_m 可由入射场的 E_r 分量反推得到; 表述入射波 TE 分量的德拜势 Π_e 可由入射场的 H_r 分量反推得到。入射场的 E_r 分量为

$$E_r^i = E_x^i \cos\phi \sin\theta = E_0 \frac{\cos\phi}{jkr} \frac{\partial}{\partial\theta} e^{-jkr\cos\theta} \tag{7.22}$$

为了利用边界条件, 上式还需用球坐标系下矢量波动方程的本征函数系表达。为此利用下面平面波的球面波展开式 (证明见附录 A) 以及 $\partial P_n/\partial\theta = P_n^1$:

$$e^{jr\cos\theta} = \sum_{n=0}^{\infty} j^n (2n+1) j_n(r) P_n(\cos\theta) \tag{7.23}$$

式 (7.22) 可改写成

$$E_r^i = -E_0 \frac{j\cos\phi}{(kr)^2} \sum_{n=1}^{\infty} j^{-n} (2n+1) \hat{J}_n(kr) P_n^1(\cos\theta) \tag{7.24}$$

注意上述级数求和是从 $n=1$ 开始的, 因为 $P_0^1(\cos\theta) = 0$。根据式 (7.9) 以及式 (7.18), 不难推导得到对应 E_r^i 的德拜势 Π_m^i 为

$$\Pi_m^i = \frac{E_0}{\omega\mu} \cos\phi \sum_{n=1}^{\infty} a_n \hat{J}_n(kr) P_n^1(\cos\theta) \tag{7.25}$$

其中,

$$a_n = \frac{j^{-n}(2n+1)}{n(n+1)} \tag{7.26}$$

同样可推导得到对应 H_r^i 的德拜势 Π_e^i 为

$$\Pi_e^i = \frac{E_0}{k}\sin\phi\sum_{n=1}^{\infty}a_n\hat{J}_n(kr)\,P_n^1(\cos\theta) \tag{7.27}$$

我们知道散射场的德拜势 Π_m^s 和 Π_e^s 应和入射场的德拜势 Π_m^i 和 Π_e^i 具有相同的形式，只要将其中的函数 $\hat{J}_n(kr)$ 换成 $\hat{H}_n^{(2)}(kr)$，因为散射场是向外传播的，即

$$\Pi_m^s = \frac{E_0}{\omega\mu}\cos\phi\sum_{n=1}^{\infty}b_n\hat{H}_n^{(2)}(kr)\,P_n^1(\cos\theta) \tag{7.28}$$

$$\Pi_e^s = \frac{E_0}{k}\sin\phi\sum_{n=1}^{\infty}b_n\hat{H}_n^{(2)}(kr)\,P_n^1(\cos\theta) \tag{7.29}$$

故总场的德拜势为

$$\Pi_m = \frac{E_0}{\omega\mu}\cos\phi\sum_{n=1}^{\infty}\left[a_n\hat{J}_n(kr)+b_n\hat{H}_n^{(2)}(kr)\right]P_n^1(\cos\theta) \tag{7.30}$$

$$\Pi_e = \frac{E_0}{k}\sin\phi\sum_{n=1}^{\infty}\left[a_n\hat{J}_n(kr)+c_n\hat{H}_n^{(2)}(kr)\right]P_n^1(\cos\theta) \tag{7.31}$$

利用式 (7.6) 和式 (7.9)，可求出电场分量 E_θ 和 E_ϕ。再根据边界条件 $r=a$ 时，$E_\theta=E_\phi=0$，便可确定出

$$b_n = -a_n\frac{\hat{J}_n'(ka)}{\hat{H}_n^{(2)'}(ka)} \tag{7.32}$$

$$c_n = -a_n\frac{\hat{J}_n(ka)}{\hat{H}_n^{(2)}(ka)} \tag{7.33}$$

式中，$\hat{J}_n'(ka)=\left.\dfrac{\partial\hat{J}_n(x)}{\partial x}\right|_{x=ka}$，$\hat{H}_n^{(2)'}(ka)=\left.\dfrac{\partial\hat{H}_n^{(2)}(x)}{\partial x}\right|_{x=ka}$。至此金属球的散射场便已求出。由于在很多时候，人们关心的只是在远离金属球时

散射场的具体表现。为此下面推导远区散射场的近似表达式。利用下面的近似公式:

$$\hat{\mathrm{H}}_n^{(2)}(kr) \underset{kr \to \infty}{\longrightarrow} \mathrm{j}^{n+1}\mathrm{e}^{-\mathrm{j}kr} \tag{7.34}$$

散射场的德拜势 $\Pi_{\mathrm{m}}^{\mathrm{s}}$ 和 $\Pi_{\mathrm{e}}^{\mathrm{s}}$ 可近似为

$$\Pi_{\mathrm{m}}^{\mathrm{s}} = \frac{E_0}{\omega\mu}\cos\phi\sum_{n=0}^{\infty}b_n\mathrm{j}^{n+1}\mathrm{e}^{-\mathrm{j}kr}\mathrm{P}_n^1(\cos\theta) \tag{7.35}$$

$$\Pi_{\mathrm{e}}^{\mathrm{s}} = \frac{E_0}{k}\sin\phi\sum_{n=1}^{\infty}c_n\mathrm{j}^{n+1}\mathrm{e}^{-\mathrm{j}kr}\mathrm{P}_n^1(\cos\theta) \tag{7.36}$$

利用式 (7.6) 和式 (7.9),可求出远区散射场电场分量 E_θ^{s} 和 E_ϕ^{s} 分别为

$$E_\theta^{\mathrm{s}} = \frac{\mathrm{j}E_0}{kr}\mathrm{e}^{-\mathrm{j}kr}\cos\phi\sum_{n=1}^{\infty}\mathrm{j}^n\left[b_n\sin\theta\mathrm{P}_n^{1'}(\cos\theta) - c_n\frac{\mathrm{P}_n^1(\cos\theta)}{\sin\theta}\right] \tag{7.37}$$

$$E_\phi^{\mathrm{s}} = \frac{\mathrm{j}E_0}{kr}\mathrm{e}^{-\mathrm{j}kr}\sin\phi\sum_{n=1}^{\infty}\mathrm{j}^n\left[b_n\frac{\mathrm{P}_n^1(\cos\theta)}{\sin\theta} - c_n\sin\theta\mathrm{P}_n^{1'}(\cos\theta)\right] \tag{7.38}$$

这里, b_n 和 c_n 分别由式 (7.32) 和式 (7.33) 给出。为了突出地反映物体的散射特征,我们用均匀散射场能量来归一实际散射场能量,从而引入下面一个常被使用的物理量:雷达散射截面 σ

$$\sigma = \lim_{r \to \infty}4\pi r^2\frac{|E^{\mathrm{s}}|^2}{|E^{\mathrm{i}}|^2} \tag{7.39}$$

根据观察角度不同,散射截面又分双站散射截面、后向或单站散射截面,以及前向散射截面。双站散射截面是固定入射方向,观察不同散射方向的物体散射截面,在反演问题中常常使用;后向散射截面是散射观察方向始终与入射方向反向,观察不同入射方向的物体散射截面,雷达接收的通常都是后向散射截面;前向散射截面,顾名思义,就是散射观察方向与入射方向同向,这个方向的散射场往往与入射场的相位相反。再进

一步，如果要反映物体的极化散射特征，我们要用下面的散射截面矩阵
表示：

$$\begin{bmatrix} \sigma_{\theta\theta} & \sigma_{\theta\phi} \\ \sigma_{\phi\theta} & \sigma_{\phi\phi} \end{bmatrix} \tag{7.40}$$

其中，$\sigma_{\theta\theta}$ 表示垂直极化散射截面，即极化为 θ 方向的入射场产生的极
化为 θ 方向的散射截面；$\sigma_{\phi\phi}$ 表示水平极化散射截面，即极化为 ϕ 方向
的入射场产生的极化为 ϕ 方向的散射截面；$\sigma_{\theta\phi}$，$\sigma_{\phi\theta}$ 表示交叉极化散射
截面，即极化为 θ 方向的入射场产生的极化为 ϕ 方向的散射截面或极化
为 ϕ 方向的入射场产生的极化为 θ 方向的散射截面。下面让我们来分析
金属球的后向散射截面。可以证明，交叉极化 $\sigma_{\theta\phi} = \sigma_{\phi\theta} = 0$，垂直和水
平极化散射截面一样，$\sigma_{\theta\theta} = \sigma_{\phi\phi}$。利用下面关系：

$$\frac{\mathrm{P}_n^1(\cos\theta)}{\sin\theta} \xrightarrow[\theta\to\pi]{} \frac{(-1)^n}{2}n(n+1) \tag{7.41}$$

$$\sin\theta \mathrm{P}_n^{1\prime}(\cos\theta) \xrightarrow[\theta\to\pi]{} \frac{(-1)^n}{2}n(n+1) \tag{7.42}$$

以及球形贝塞尔函数的 Wronskian 关系：

$$\hat{\mathrm{J}}_n(ka)\hat{\mathrm{H}}_n^{(2)\prime}(ka) - \hat{\mathrm{J}}_n^{\prime}(ka)\hat{\mathrm{H}}_n^{(2)}(ka) = -\mathrm{j} \tag{7.43}$$

可得出导体球的垂直和水平极化散射截面的简化表达式：

$$\sigma_{\theta\theta} = \sigma_{\phi\phi} = \frac{\lambda^2}{4\pi}\left|\sum_{n=1}^{\infty}\frac{(-1)^n(2n+1)}{\hat{\mathrm{H}}_n^{(2)\prime}(ka)\hat{\mathrm{H}}_n^{(2)}(ka)}\right|^2 \tag{7.44}$$

在 $ka \ll 1$ 时，式 (7.44) 中 $n = 1$ 为主要项，且有

$$\hat{\mathrm{H}}_1^{(2)}(ka) \xrightarrow[ka\to 0]{} \mathrm{j}\frac{1}{ka} \tag{7.45}$$

$$\hat{\mathrm{H}}_1^{(2)\prime}(ka) \xrightarrow[ka\to 0]{} \mathrm{j}\frac{3}{2}\frac{1}{(ka)^2} \tag{7.46}$$

故式 (7.44) 可近似为

$$\sigma_{\theta\theta} = \sigma_{\phi\phi} \xrightarrow[ka \to 0]{} \frac{\lambda^2}{\pi} (ka)^6 \tag{7.47}$$

这就是我们通常所说的瑞利 (Rayleigh) 散射公式。由此公式可以知道，对于电小尺寸球，换言之，在频率很低 (通常称为瑞利区) 时，金属球的散射截面与频率的 4 次方成正比。对于电大尺寸金属球，电磁波呈光学特征，可以计算得到其后向散射截面为

$$\sigma_{\theta\theta} = \sigma_{\phi\phi} = \pi a^2 \tag{7.48}$$

由此公式可知，在频率很高时，即在高频区，金属球的散射截面与频率无关。在瑞利区和高频区之间，金属球的后向散射截面随频率振荡变化，故此区通常称为谐振区。图 7.1 给出了金属球后向散射截面随频率的变化曲线。

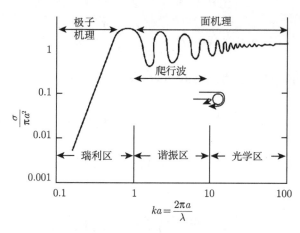

图 7.1　金属球后向散射截面随频率的变化曲线

上述过程再次展示了如何用思想和数学工具，以严密的数学推理，得到金属球散射场的解及其特征的过程，让人感受到思想的力量之美、数学的力量之美。我们不妨再回味一下这其中的力量之源。整个过程的

关键在于德拜势的发现。德拜势建立了球坐标系下麦克斯韦方程本征函数系与通常数理方程中的标量亥姆霍兹方程本征函数系的联系。由此可见,力量始于建立新、旧事物联系的思想,尤其是建立未知世界与拥有清晰、丰富内涵的已知世界联系的思想。但是,只有思想还是不够的,整个力量最终得以表现,还得依靠矢量分析这个数学工具,这要求我们不仅能根据定义进行矢量计算,而且能充分、灵活地利用矢量运算的性质进行化简,更为重要的是能在大量运算的基础上,对矢量运算形成直觉,并能进行逆向构思。

第8章 棱边界麦克斯韦方程之解

——半平面导体散射

半平面导体散射问题求解过程极其优美,结果简明,机理清晰,是几何绕射理论的基础。下面就让我们来展示这一求解过程。

8.1 平面波半平面导体散射表达式

我们仍然用本征函数系的方法求解这一问题。如图 8.1 所示,导体面处于 $y = 0$ 平面的 $x > 0$ 半平面上,假定入射波为 TE 波,垂直入射于导体半平面的边缘上 (z 轴),入射线与 x-z 平面的夹角为 ϕ_i,$\boldsymbol{k} = k\left(\cos\phi_i \hat{\boldsymbol{x}} + \cos\phi_i \hat{\boldsymbol{y}}\right)$,$\boldsymbol{r} = x\hat{\boldsymbol{x}} + y\hat{\boldsymbol{y}} = \rho\cos\phi_s \hat{\boldsymbol{x}} + \rho\sin\phi_s \hat{\boldsymbol{y}}$,则入射场可表示为

$$E_z^i = E_0 \exp\left(j\boldsymbol{k} \cdot \boldsymbol{r}\right) = E_0 \exp\left(jk\rho\cos\left(\phi_s - \phi_i\right)\right) \tag{8.1}$$

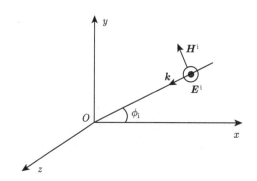

图 8.1 TE 波垂直入射到无限薄半平面导体边缘

入射波在导体面上会激励 z 方向的感应面电流，感应面电流产生散射场。显然，这个结构的本征函数系是平面波。沿角度 α(与 x 轴夹角)辐射出去的散射场的各分量，可由下式表示：

$$E_z^{\mathrm{sc}}\left(\alpha\right) = F\left(\alpha\right)\exp\left(-\mathrm{j}k\rho\cos\left(\phi_\mathrm{s}\mp\alpha\right)\right) \tag{8.2}$$

$$H_x^{\mathrm{sc}}\left(\alpha\right) = \pm\frac{1}{Z}F\left(\alpha\right)\sin\alpha\exp\left(-\mathrm{j}k\rho\cos\left(\phi_\mathrm{s}\mp\alpha\right)\right) \tag{8.3}$$

$$H_y^{\mathrm{sc}}\left(\alpha\right) = -\frac{1}{Z}F\left(\alpha\right)\cos\alpha\exp\left(-\mathrm{j}k\rho\cos\left(\phi_\mathrm{s}\mp\alpha\right)\right) \tag{8.4}$$

其中，ϕ_s 表示观察方向与 x 轴的夹角。对于 $y > 0$ 的半空间，式 (8.2)~式 (8.4) 取上面符号；对于 $y < 0$ 的半空间，则取下面的符号。Z 为波阻抗，$Z = \sqrt{\mu/\varepsilon}$，$F\left(\alpha\right)$ 表示 α 方向散射平面波的幅度。因此，总散射场可以表示为所有散射方向的积分：

$$E_z^{\mathrm{sc}}\left(\alpha\right) = \int_C F\left(\alpha\right)\exp\left(-\mathrm{j}k\rho\cos\left(\phi_\mathrm{s}\mp\alpha\right)\right)\mathrm{d}\alpha \tag{8.5}$$

$$H_x^{\mathrm{sc}}\left(\alpha\right) = \pm\frac{1}{Z}\int_C F\left(\alpha\right)\sin\alpha\exp\left(-\mathrm{j}k\rho\cos\left(\phi_\mathrm{s}\mp\alpha\right)\right)\mathrm{d}\alpha \tag{8.6}$$

$$H_y^{\mathrm{sc}}\left(\alpha\right) = -\frac{1}{Z}\int_C F\left(\alpha\right)\cos\alpha\exp\left(-\mathrm{j}k\rho\cos\left(\phi_\mathrm{s}\mp\alpha\right)\right)\mathrm{d}\alpha \tag{8.7}$$

这里的积分路径 C 表示 α 所有可能值。注意，这里的 α 不能只取区间 $[0,\pi]$ 的实数，还应该包含复数。换言之，传播波是不完备的，还应该包含凋落波。这一点从数学的复空间完备性看更易理解。因此，积分路径 C 在复平面的路径应该如图 8.2 所示，分为三段：第一段 $\alpha = -\mathrm{j}\beta$，第二段 $\alpha = 0 \sim \pi$，第三段 $\alpha = \pi + \mathrm{j}\beta$，其中 $\beta = 0 \sim \infty$。

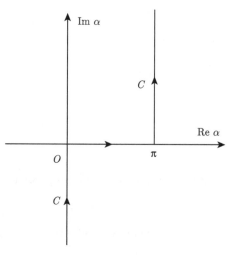

图 8.2　积分路径 C

对于第一段积分路径, 利用三角函数的和差公式和双曲函数与三角形函数的关系, 可以将式 (8.5)~式 (8.7) 积分中的相位项表示为

$$\psi = \exp\left(-\mathrm{j}kx\cos\phi_s\cosh\beta\right)\exp\left(\mp ky\sin\phi_s\sinh\beta\right) \tag{8.8}$$

同理, 对于第三段积分路径, 式 (8.5)~ 式 (8.7) 积分中的相位项可表示为

$$\psi = \exp\left(\mathrm{j}kx\cos\phi_s\cosh\beta\right)\exp\left(\mp ky\sin\phi_s\sinh\beta\right) \tag{8.9}$$

由此可知, 当 $\alpha = -\mathrm{j}\beta$ 时, 电磁波相位传播方向为 $+x$ 轴, 电磁波的振幅沿 y 方向衰减; 当 $\alpha = \pi + \mathrm{j}\beta$ 时, 电磁波相位传播方向为 $-x$ 轴, 电磁波的振幅沿 y 方向衰减。可见, 当 α 为复数时, 对应的电磁波为指数衰减的凋落波, 它们是导体面感应电流所产生的近场成分。

利用上述电磁场的积分表示式, 可以建立积分方程求解 $F(\alpha)$。在 $y = 0$ 平面的导体面 $(x > 0)$ 和孔平面 $(x < 0)$ 上的电磁场切向分量

满足

$$E_z^{\mathrm{i}} + E_z^{\mathrm{sc}} = 0 \quad (x > 0) \tag{8.10}$$

$$H_x^{\mathrm{sc}} = 0 \quad (x < 0) \tag{8.11}$$

注意式 (8.11) 是利用如下结论建立的: 一个平面上的感应电流, 不能产生该平面的切向磁场。将式 (8.1) 和式 (8.5)、式 (8.6) 分别代入式 (8.10)、式 (8.11), 并令 $\phi_{\mathrm{s}} = 0, \rho = x$, 同时为了简单起见, 令 $E_0 = 1$。可得

$$\exp\left(\mathrm{j}kx\cos\left(\phi_{\mathrm{i}}\right)\right) + \int_C F\left(\alpha\right)\exp\left(-\mathrm{j}kx\cos\alpha\right)\mathrm{d}\alpha = 0 \quad (x > 0) \tag{8.12}$$

$$\frac{1}{Z}\int_C F\left(\alpha\right)\sin\alpha\exp\left(-\mathrm{j}kx\cos\alpha\right)\mathrm{d}\alpha = 0 \quad (x < 0) \tag{8.13}$$

为了便于求解, 利用变量代换 $\mu = \cos\alpha, \mu_0 = \cos\phi_{\mathrm{i}}$, 将式 (8.12) 和式 (8.13) 分别变换为

$$\exp\left(\mathrm{j}kx\mu_0\right) + \int_{-\infty}^{+\infty} \frac{F\left(\mu\right)}{\sqrt{1-\mu^2}}\exp\left(-\mathrm{j}kx\mu\right)\mathrm{d}\mu = 0 \quad (x > 0) \tag{8.14}$$

$$\frac{1}{Z}\int_{-\infty}^{+\infty} F\left(\mu\right)\exp\left(-\mathrm{j}kx\mu\right)\mathrm{d}u = 0 \quad (x < 0) \tag{8.15}$$

下面采用回路积分法, 求解上式。不难知道, $\mu = \pm 1$ 是积分路径 C 的分支点, 为了保证被积函数的单值性, 需要对 μ 作切割, 如图 8.3 所示。

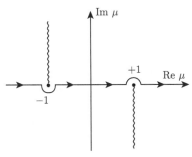

图 8.3 μ 复平面上的分支切割及积分路径

对于式 (8.15)，因为在上半复 μ 平面上，μ 有正虚部，当 $|\mu| \to \infty$ 时，若有 $F(\mu) \to 0$，则式 (8.15) 中的积分可以和上半复 μ 平面上半径为无穷大半圆的积分组成闭合积分路径。因此，上半复 μ 平面上的任何规则函数 $F(\mu)$ 均可满足积分式 (8.15)。对于式 (8.14)，当 $|\mu| \to \infty$ 时，若 $F(\mu)/\sqrt{1-\mu^2} \to 0$，在下半复 μ 平面上，由于 μ 有负虚数，则式 (8.14) 中的积分可以和下半复 μ 平面上半径为无穷大半圆的积分组成闭合积分路径。这样，原积分路径变形为图 8.4 所示形式。变形后的积分路径已将 $\mu = -\mu_0$ 点包含于下半平面的积分围线内。

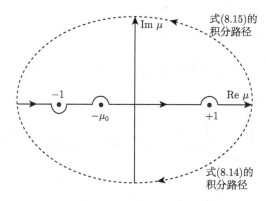

图 8.4　为避开极点所作的积分路径变形

设 $U(\mu)$ 是在下半平面上无奇异性的任意函数，则依据留数定理，下式即为式 (8.14) 的解：

$$\frac{F(\mu)}{\sqrt{1-\mu^2}} = \frac{1}{2\pi \mathrm{j}} \frac{U(\mu)}{U(-\mu_0)} \frac{1}{\mu + \mu_0} \tag{8.16}$$

为了得出 $F(\mu)$ 的具体形式，将上式变形为

$$\frac{F(\mu)}{\sqrt{1-\mu}}(\mu + \mu_0) = \frac{1}{2\pi \mathrm{j}} \frac{U(\mu)}{U(-\mu_0)} \sqrt{1+\mu} \tag{8.17}$$

上式的左侧在积分路径以上的上半平面内无奇异性，右侧在积分路径以下的下半平面内具有相同的性质。由于已知当 $|\mu| \to \infty$ 时，在上半

平面内 $F(\mu) \to 0$，故上式左侧的函数在上半平面内为有界函数，而在下半平面内无奇异性的右侧的函数与它相等，这两个有界函数构成了全复 μ 平面上的解析有界函数，依据 Liouville 定理，右侧函数应为常数。则令 $\mu = -\mu_0$，可计算右侧函数的数值为 $\frac{1}{2\pi\mathrm{j}}\sqrt{1-\mu_0}$，代回式 (8.17) 则可以求出 $F(\mu)$：

$$F(\mu) = \frac{1}{2\pi\mathrm{j}}\frac{\sqrt{1-\mu}\sqrt{1-\mu_0}}{\mu + \mu_0} \tag{8.18}$$

将变量 μ 还原为 α，则可以表示为

$$F(\alpha) = \frac{1}{\pi\mathrm{j}}\frac{\sin\dfrac{\alpha}{2}\sin\dfrac{\phi_\mathrm{i}}{2}}{\cos\alpha + \cos\phi_\mathrm{i}} \tag{8.19}$$

将式 (8.19) 代入式 (8.5)，即可求出散射电场 $y > 0$ 和 $y < 0$ 空间的散射电场：

$$E_z^{\mathrm{sc}}(\alpha) = \int_C \frac{1}{\pi\mathrm{j}}\frac{\sin\dfrac{\alpha}{2}\sin\dfrac{\phi_\mathrm{i}}{2}}{\cos\alpha + \cos\phi_\mathrm{i}}\exp\left(-\mathrm{j}k\rho\cos(\phi_\mathrm{s} \mp \alpha)\right)\mathrm{d}\alpha \tag{8.20}$$

8.2 半平面导体散射机理

为了抓住上述积分的主要成分，理解散射机理，下面将用复变函数积分路径变换的方法，具体来说就是鞍点法 (见附录 B)，将上述积分形式转换为 Fresnel 积分表示形式。利用三角函数关系，将式 (8.20) 表示为

$$E_z^{\mathrm{sc}}(\alpha) = \frac{1}{4\pi\mathrm{j}}\int_C \left[\sec\left(\frac{\alpha + \phi_\mathrm{i}}{2}\right) - \sec\left(\frac{\alpha - \phi_\mathrm{i}}{2}\right)\right]$$
$$\times \exp\left(-\mathrm{j}k\rho\cos(\phi_\mathrm{s} \mp \alpha)\right)\mathrm{d}\alpha \tag{8.21}$$

上式的积分，可以采用最速下降法近似求解。对于 $y > 0$ 半空间，散射场的鞍点为 $\alpha = \phi_\mathrm{s}$，通过鞍点的最速下降路径记为 $S(\phi_\mathrm{s})$，如图 8.5

所示。

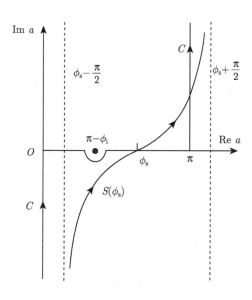

图 8.5　最速下降积分路径

当 $\phi_s < \pi - \phi_i$ 时，极点 $\alpha = \pi - \phi_s$ 在积分路径 $S(\phi_s)$ 和原积分路径 C 所围积分路径内。这样，对于 $\phi < \pi - \phi_i$，式 (8.21) 可以表示为

$$E_z^{\text{sc}}(\alpha) = \frac{1}{4\pi j} \int_{S(\phi_s)} \left[\sec\left(\frac{\alpha + \phi_i}{2}\right) - \sec\left(\frac{\alpha - \phi_i}{2}\right) \right]$$

$$\times \exp\left(-jk\rho\cos(\phi_s - \alpha)\right) d\alpha + 2\pi j \text{Res}\left[\frac{1}{\pi j} \oint \{\cdot\} d\alpha\right] \quad (8.22)$$

其中，最后一项是极点的留数项，$\{\cdot\}$ 表示式 (8.21) 中的被积函数。利用变量代换 $\alpha' = \alpha - \phi_s$，则上式第一项积分变为

$$I_1 = \int_{S(\phi_s)} \sec\left(\frac{\alpha' + \phi_s + \phi_i}{2}\right) \exp\left(-jk\rho\cos\alpha'\right) d\alpha'$$

$$= \frac{1}{2} \int_{S(\phi_s)} \left[\sec\left(\frac{\alpha' + \phi_s + \phi_i}{2}\right) + \sec\left(\frac{\alpha' - \phi_s - \phi_i}{2}\right) \right] \exp\left(-jk\rho\cos\alpha'\right) d\alpha'$$

$$= 2 \int_{S(\phi_s)} \frac{\cos\left(\dfrac{\alpha'}{2}\right)\cos\left(\dfrac{\phi_s + \phi_i}{2}\right)}{\cos\alpha' + \cos(\phi_s + \phi_i)} \exp\left(-jk\rho\cos\alpha'\right) d\alpha' \quad (8.23)$$

根据鞍点法，作变换 $-\mathrm{j}\cos\alpha' = -\mathrm{j}\cos 0° - t^2$，即 $\cos\alpha' = 1 - \mathrm{j}t^2$，则上式可表示为

$$I_1 = -2b\exp\left[-\mathrm{j}\left(k\rho + \frac{\pi}{4}\right)\right]\int_{-\infty}^{\infty}\frac{\exp\left(-k\rho t^2\right)}{t^2 + \mathrm{j}b^2}\mathrm{d}t \qquad (8.24)$$

其中，$b = \sqrt{2}\cos\left[\dfrac{\phi_{\mathrm{s}} + \phi_{\mathrm{i}}}{2}\right]$。为了对上式积分作进一步化简，引入下面含参量 $\xi = k\rho$ 的积分表达式：

$$Y = \int_{-\infty}^{+\infty}\frac{\exp\left[-\xi\left(t^2 + \mathrm{j}b^2\right)\right]}{t^2 + \mathrm{j}b^2}\mathrm{d}t \qquad (8.25)$$

对上式参量 ξ 求导得

$$\frac{\mathrm{d}Y}{\mathrm{d}\xi} = -\int_{-\infty}^{+\infty}\exp\left(-\xi\left(t^2 + \mathrm{j}b^2\right)\right)\mathrm{d}t = -\exp\left(-\mathrm{j}\xi b^2\right)\sqrt{\frac{\pi}{\xi}} \qquad (8.26)$$

对上式两边作从 ξ 到 $+\infty$ 的积分，可得

$$Y(\xi) = \int_{\xi}^{+\infty}\exp\left(-\mathrm{j}\xi'b^2\right)\sqrt{\frac{\pi}{\xi'}}\mathrm{d}\xi' \qquad (8.27)$$

令 $\tau^2 = b^2\xi'$，则 Y 进一步可表示为

$$Y = \frac{2\sqrt{\pi}}{|b|}\int_{|b|\sqrt{k\rho}}^{+\infty}\exp\left(-\mathrm{j}\tau^2\right)\mathrm{d}\tau \qquad (8.28)$$

若定义 Fresnel 积分为

$$F(\alpha) = \int_{\alpha}^{\infty}\exp(-\mathrm{j}\tau^2)\mathrm{d}\tau \qquad (8.29)$$

那么依据式 (8.25) 和式 (8.28) 可以知道

$$b\int_{-\infty}^{+\infty}\frac{\exp\left(-k\rho t^2\right)}{t^2 + \mathrm{j}b^2}\mathrm{d}t = \pm 2\sqrt{\pi}\exp\left(\mathrm{j}k\rho b^2\right)F\left(\pm b\sqrt{k\rho}\right) \qquad (8.30)$$

其中，$b > 0$ 时，取 "+" 号；$b < 0$ 时，取 "−" 号。将式 (8.30) 以及 $b = \sqrt{2}\cos\left[\left(\phi_s + \phi_i\right)/2\right]$ 代入式 (8.24)，可得

$$I_1 = \mp 4\sqrt{\pi}\exp\left(-\mathrm{j}\frac{\pi}{4}\right)\exp\left(\mathrm{j}k\rho\cos\left(\phi_s + \phi_i\right)\right)F\left[\pm\sqrt{2k\rho}\cos\left(\frac{\phi_s + \phi_i}{2}\right)\right]$$
$$(8.31)$$

其中，$\phi_s < \pi - \phi_i$ 时，取正负或负正号上面的符号；$\phi_s > \pi - \phi_i$ 时，取正负或负正号下面的符号。

同理，式 (8.22) 第二项积分结果为

$$I_2 = \int_{S(\phi_s)}\sec\left(\frac{\alpha - \phi_i}{2}\right)\exp\left[-\mathrm{j}k\rho\cos\left(\phi_s - \alpha\right)\right]\mathrm{d}\alpha$$

$$= 4\sqrt{\pi}\exp\left(-\mathrm{j}\frac{\pi}{4}\right)\exp\left[\mathrm{j}k\rho\cos\left(\phi_s - \phi_i\right)\right]F\left[\sqrt{2k\rho}\cos\left(\frac{\phi_s - \phi_i}{2}\right)\right]$$
$$(8.32)$$

再依据留数定理，可求得极点 $\alpha = \pi - \phi_i$ 的贡献为

$$I_P = -\exp\left[\mathrm{j}k\rho\cos\left(\phi_s + \phi_i\right)\right] \tag{8.33}$$

此式表明极点对散射场的贡献为几何光学近似下的反射波。这样，在 $y > 0$ 的空间，总散射场可以表示为

$$E_z^s\left(\rho, \phi_s\right) = \frac{1}{4\pi\mathrm{j}}\left(I_1 + I_2\right) + I_P$$
$$= \frac{1}{\sqrt{\pi}}\exp\left(\mathrm{j}\frac{\pi}{4}\right)\left\{\pm\exp\left[\mathrm{j}k\rho\cos\left(\phi_s + \phi_i\right)\right]\right.$$
$$\times F\left[\pm\sqrt{2k\rho}\cos\left(\frac{\phi_s + \phi_i}{2}\right)\right]$$
$$\left. - \exp\left[\mathrm{j}k\rho\cos\left(\phi_s - \phi_i\right)\right]F\left[\sqrt{2k\rho}\cos\left(\frac{\phi_s - \phi_i}{2}\right)\right]\right\}$$
$$- \exp\left[\mathrm{j}k\rho\cos\left(\phi_s + \phi_i\right)\right]$$
$$(8.34)$$

注意，上式最后一项仅当 $\varphi_s < \pi - \varphi_i$ 时存在。利用下面等式：

$$F(a) + F(-a) = \sqrt{\pi} \exp\left(-j\frac{\pi}{4}\right) \tag{8.35}$$

将入射波和反射波并入 Fresnel 积分，这样总场可化简成

$$
\begin{aligned}
E_z(\rho, \phi_s) = \frac{\exp\left(j\dfrac{\pi}{4}\right)}{\sqrt{\pi}} &\left\{ -\exp\left[jk\rho\cos(\phi_s+\phi_i)\right] F\left[-\sqrt{2k\rho}\cos\left(\frac{\phi_s+\phi_i}{2}\right)\right] \right. \\
&\left. + \exp\left[jk\rho\cos(\phi_s-\phi_i)\right] F\left[-\sqrt{2k\rho}\cos\left(\frac{\phi_s-\phi_i}{2}\right)\right] \right\}
\end{aligned} \tag{8.36}
$$

令 $u = -\sqrt{2k\rho}\cos\left[(\phi_s+\phi_i)/2\right]$, $v = -\sqrt{2k\rho}\cos\left[(\phi_s-\phi_i)/2\right]$, 则式 (8.36) 可简写为

$$E_z(\rho, \phi) = \frac{\exp\left(j\dfrac{\pi}{4}\right)}{\sqrt{\pi}} \exp(-jk\rho) \left[\exp(ju^2) F(u) - \exp(jv^2) F(v)\right] \tag{8.37}$$

同样方式，可以求得在 $y < 0$，空间总场也可表示成式 (8.37)。式 (8.37) 正是 Sommerfeld 在 1896 年首先得到的导体半平面散射问题的严格解。为了更清楚地了解导体半平面散射的机理，下面我们讨论远场条件下，即 $k\rho \gg 1$ 时总场在空间中的分布情况。根据 Fresnel 积分性质，依据式 (8.37) 中 Fresnel 积分函数宗量的正负，可将空间分成三个区：①反射区 $0 < \phi_s < \pi - \phi_i$，此时 $u < 0$, $v < 0$；②照明区 $\pi - \phi_i < \phi_s < \pi + \phi_i$，此时 $u > 0$, $v < 0$；③阴影区 $\pi + \phi_i < \phi_s < 2\pi$，此时 $u > 0$, $v > 0$。利用下面大宗量情况下 Fresnel 积分渐近式：

$$F(a) = \int_a^\infty e^{-j\tau^2} d\tau = \frac{1}{2ja} e^{-ja^2} \tag{8.38}$$

以及 Fresnel 积分恒等式，反射区总场可近似成

$$E_z(\rho, \phi) = \exp\left[jk\rho\cos(\phi_s-\phi_i)\right] - \exp\left[jk\rho\cos(\phi_s+\phi_i)\right]$$

$$- \frac{\exp\left(-j\frac{\pi}{4}\right)}{2\sqrt{2\pi k}} \frac{\exp(-jk\rho)}{\sqrt{\rho}} \left[\sec\left(\frac{\phi_s - \phi_i}{2}\right) - \sec\left(\frac{\phi_s + \phi_i}{2}\right)\right]$$

(8.39)

照明区总场可近似成

$$E_z(\rho, \phi) = \exp\left[jk\rho\cos(\phi_s - \phi_i)\right]$$
$$- \frac{\exp\left(-j\frac{\pi}{4}\right)}{2\sqrt{2\pi k}} \frac{\exp(-jk\rho)}{\sqrt{\rho}} \left[\sec\left(\frac{\phi_s - \phi_i}{2}\right) - \sec\left(\frac{\phi_s + \phi_i}{2}\right)\right]$$

(8.40)

阴影区总场可近似成

$$E_z(\rho, \phi) = - \frac{\exp\left(-j\frac{\pi}{4}\right)}{2\sqrt{2\pi k}} \frac{\exp(-jk\rho)}{\sqrt{\rho}} \left[\sec\left(\frac{\phi_s - \phi_i}{2}\right) - \sec\left(\frac{\phi_s + \phi_i}{2}\right)\right]$$

(8.41)

由这些近似表达式可以清楚地看到：反射区总场由三部分组成，式 (8.39) 中第 1 项为入射场，第 2 项为反射场，第 3 项为绕射场；照明区总场由两部分组成，式 (8.40) 中第 1 项为入射场，第 2 项为绕射场；阴影区总场式 (8.41) 只有绕射场一项。因为 $\phi_s = \pi - \phi_i$ 或 $\phi_s = \pi + \phi_i$ 时，$u = 0$ 或 $v = 0$，Fresnel 积分渐近式 (8.38) 不能使用，也就不再有上述近似表达式。因此，我们一般又将 $\phi_s = \pi - \phi_i$ 或 $\phi_s = \pi + \phi_i$ 附近区域分离出来，看成另外两个区域：反射区与照明区的过渡区，以及照明区与阴影区的过渡区，单独计算研究。图 8.6 示出了平面电磁波以 $\phi_i = \pi/6$ 方向入射到导体半平面产生的电场总场，在 $\rho = 0.5\lambda \sim 25.5\lambda$ 近区以及 $\rho = 1000.5\lambda \sim 1025.5\lambda$ 远区，$\phi_s = 0 \sim 2\pi$ 区域的电场强度分布图。由图可见，反射区主要由入射波和反射波形成明显的驻波分布或者说干涉条纹，同时兼有绕射波的影响；照明区虽有入射波与绕射波形成的波纹，但没有非反射区那么明显，且远区条纹弱于近区。因为绕射场弱于入射场，且随距离减小。阴影区没有干涉条纹，且场弱。两个过渡区的 Fresnel 积分没有渐近表达式，但是实际场强并无突变。

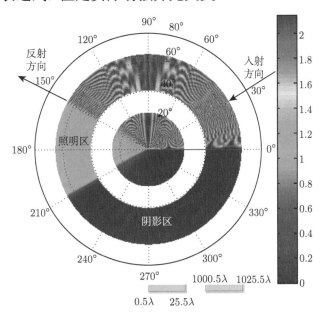

图 8.6 导体半平面衍射问题解的电场强度分布图 (后附彩图)

当 TE 波以角度 $\phi_i = \pi/2$ 垂直投射于半平面导体边缘上时，在 $y = -3\lambda$ 平面上电场强度分布如图 8.7 所示，可以看出，在 $x < 0$ 空间，出现了明显的干涉条纹。

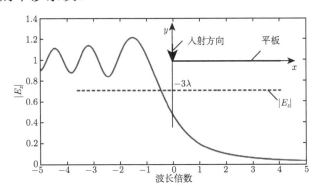

图 8.7 在 $y = -3\lambda$ 平面上电场强度分布

　　依据上述导体半平面衍射的解析解，我们可以清楚地看到边缘绕射的机理：当射线投射到导体边缘时，会产生绕射射线，绕射射线按几何光学传播。绕射波阵面是以边缘为中心轴的平行锥，通常称为 Keller 锥，即入射射线和绕射射线在绕射点处与边缘的夹角相等，分布于入射线与边缘相交所成的平面的两侧，如图 8.8 所示。当入射线与边缘垂直时，Keller 锥退化为柱面。图 8.8 具体示出了边缘绕射的机理。根据此机理，可以构建几何绕射理论。即边缘绕射场可以表示成

$$\boldsymbol{E}^{\mathrm{d}} = \boldsymbol{E}^{\mathrm{i}} DA(\rho)\mathrm{e}^{\mathrm{j}k\rho} \tag{8.42}$$

其中，D 为绕射系数；$A(\rho)$ 为波的扩散因子。由半平面导体衍射场的解可知，当入射波与边缘垂直时，衍射波是以边缘为轴的柱面波，如图 8.8(a) 所示。因此上式中的扩散因子取 $A(\rho) = 1/\sqrt{\rho}$。再根据式 (8.41) 便可知绕射系数为

$$D(\phi_{\mathrm{s}}, \phi_{\mathrm{i}}) = \frac{\exp\left(-\mathrm{j}\dfrac{\pi}{4}\right)}{2\sqrt{2\pi k}}\left[\sec\left(\frac{\phi_{\mathrm{s}} + \phi_{\mathrm{i}}}{2}\right) - \sec\left(\frac{\phi_{\mathrm{s}} - \phi_{\mathrm{i}}}{2}\right)\right] \tag{8.43}$$

很明显，在过渡区 $\phi_{\mathrm{s}} = \pi - \phi_{\mathrm{i}}$ 或 $\phi_{\mathrm{s}} = \pi + \phi_{\mathrm{i}}$，上述绕射系数不成立。我们需要依据精确解 (8.37)。经推导，这些情况下的绕射系数可以表示为

$$
\begin{aligned}
&D(\phi_{\mathrm{s}}, \phi_{\mathrm{i}}) \\
&= \frac{\exp\left(-\mathrm{j}\dfrac{\pi}{4}\right)}{2\sqrt{2\pi k}}\left[\frac{F_{-}\left[2k\rho\cos^{2}\dfrac{1}{2}(\phi_{\mathrm{s}} + \phi_{\mathrm{i}})\right]}{\cos\dfrac{1}{2}(\phi_{\mathrm{s}} + \phi_{\mathrm{i}})} - \frac{F_{-}\left[2k\rho\cos^{2}\dfrac{1}{2}(\phi_{\mathrm{s}} - \phi_{\mathrm{i}})\right]}{\cos\dfrac{1}{2}(\phi_{\mathrm{s}} - \phi_{\mathrm{i}})}\right]
\end{aligned} \tag{8.44}
$$

这里的 Fresnel 积分 $F_{-}(X)$ 定义为

$$F_{-}(X) = 2\mathrm{j}\sqrt{X}\exp(\mathrm{j}X)\int_{\sqrt{X}}^{\infty}\exp(-\mathrm{j}\tau^{2})\mathrm{d}\tau \tag{8.45}$$

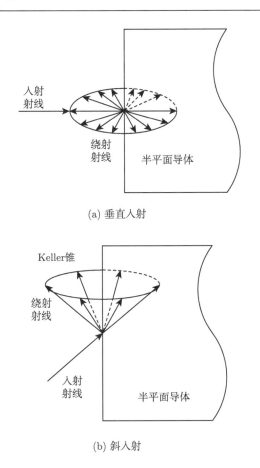

(a) 垂直入射

(b) 斜入射

图 8.8 平面波入射导体半平面边缘时产生的绕射射线

与前面 $F(X)$ 的区别在于, 此处 Fresnel 积分 $F_-(X)$ 的宗量为正值, 这样无论是反射区, 还是照明区、绕射区, 都有统一的绕射系数, 且与式 (8.43) 有相同的形式。

上述求解过程颇为繁复, 但是结果简洁、意义清晰, 真可谓曲径通幽, 令人叹服! 这是复变函数理论力量的体现。复变函数柯西积分公式揭示了区域内复变函数值与边界积分的关系, 以此去观察积分方程式 (8.14) 和式 (8.15), 待求散射平面波幅度函数便确定了; 复变函数柯西积分公式还演化出积分路径变换工具, 尤其是鞍点法, 将此用于散射场积分表达

式 (8.21)，便发现了散射场积分表达式中的主要因素，从而揭示了边缘绕射的机理。追溯复变函数理论力量之源，竟然是一个简单方程 $x^2 + 1 = 0$ 之根的完备性思考。完备性是数学的美学特征之一，追求完备性是数学发明的动力所在。

第9章 不同惯性系中的麦克斯韦方程——相对论

在第 3 章中，我们依据麦克斯韦方程，通过演绎，得到一种特殊情况下电磁场所满足的标量偏微分方程。因为这个方程就是通常的波动方程，所以据此可以预言电磁波的存在，而且电磁波的传播速度约为每秒 30 万千米。因为光的传播速度也是每秒 30 万千米，所以又可推测光也是一种电磁波。这些结论很值得玩味，因为我们通常讲一个东西的速度，一定是针对某个惯性参考系而言的。这里没有提及电磁波速度是针对哪个惯性参考系的。一种可能的解释是：空间中存在一种我们感觉不到的物质，历史上称为"以太"，电磁波速度是相对于以太所在惯性参考系而言的。如果这个解释是正确的，那么地球相对于以太就有一个速度，进而地球上沿不同方向传播的电磁波速度 (以地球为参考系) 就有差异。利用这个差异就能观察到地球上两束不同传播方向的光产生的干涉条纹；互换两束光的位置，就应该能观察到干涉条纹的移动。然而令人惊讶的是，我们没能观察到条纹的移动。这就是著名的**迈克耳孙–莫雷实验**结果 (1887 年)。

9.1 洛伦兹时空变换

这个实验表明猜测的以太可能并不存在，更为重要的是实验的直接结果：电磁波在任何参考系中的传播速度都是一样的。这是一个惊人的与常识相悖的结果。因为两个存在相对运动的惯性参考系 Σ 和 Σ'，如果

Σ 相对于 Σ' 的运动速度沿 x 方向，速率为 v，那么在 Σ 参考系中，假设电磁波沿 x 方向传播，其速率为 c，那么根据下面的伽利略变换：

$$\begin{cases} x' = x - vt \\ y' = y \\ z' = z \\ t' = t \end{cases} \tag{9.1}$$

第一个式子两边对时间求导数，可得 $c' = c - v$。这意味着两个参考系中的电磁波速度是不同的，这就与实验结果直接矛盾了。问题出在哪里呢？因为实验结果已被反复验证是正确的，所以唯一的可能是上述推理。上述推理除了利用伽利略变换之外，几乎没有用到其他东西。因此，问题可能就出在伽利略变换上。细细思来，这个变换所代表的时空观念来源于我们的直观感受，从未进行严格的考察。实际上，光速不变这个实验结果也是有悖于我们的直观感受的，因此，伽利略变换这个代表我们直观感受的时空观念并不正确是完全有可能的。

让我们抓住光速不变这个基本实验事实，看看能演绎出什么样的时空观。因为在惯性参考系 Σ 和 Σ' 中，光速都是 c，所以有

$$\begin{aligned} x^2 + y^2 + z^2 - c^2 t^2 = 0 \\ x'^2 + y'^2 + z'^2 - c^2 t'^2 = 0 \end{aligned} \tag{9.2}$$

考虑下面表述时空关系的二次式：

$$x^2 + y^2 + z^2 - c^2 t^2 \tag{9.3}$$

$$x'^2 + y'^2 + z'^2 - c^2 t'^2 \tag{9.4}$$

对于时空坐标为 (x, y, z, t) 的任何事件，上述二次式值未必为零，只有当事件表述的是：从时空原点 $(0, 0, 0, 0)$ 以光速传到 (x, y, z, t) 时，上述二

次式值为零。这样，参考系 Σ 中的二次式 (9.3) 和参考系 Σ' 中的二次式 (9.4) 之间的下列关系式，实际上就更一般地蕴涵了光速不变的基本事实：

$$x'^2 + y'^2 + z'^2 - c^2t'^2 = x^2 + y^2 + z^2 - c^2t^2 \tag{9.5}$$

因为 Σ 和 Σ' 都是惯性系，所以从 Σ 到 Σ' 的变换式一定是线性的。一个合理的假设便是

$$\begin{cases} x' = a_{11}x + a_{12}ct \\ y' = y \\ z' = z \\ ct' = a_{21}x + a_{22}ct \end{cases} \tag{9.6}$$

这里，因为 x 和 x'，t 和 t' 正向相同，所以 $a_{11} > 0$，$a_{22} > 0$。将式 (9.6) 代入式 (9.5) 得

$$(a_{11}x + a_{12}ct)^2 + y^2 + z^2 - (a_{21}x + a_{22}ct)^2 = x^2 + y^2 + z^2 - c^2t^2 \tag{9.7}$$

比较系数得

$$\begin{cases} a_{11}^2 - a_{21}^2 = 1 \\ a_{11}a_{12} - a_{21}a_{22} = 0 \\ a_{12}^2 - a_{22}^2 = -1 \end{cases} \tag{9.8}$$

由式 (9.8) 中的第一式和第三式得

$$a_{11} = \sqrt{1 + a_{21}^2}, \quad a_{22} = \sqrt{1 + a_{12}^2} \tag{9.9}$$

将式 (9.9) 代入式 (9.8) 的第二式得

$$a_{12} = a_{21} \tag{9.10}$$

利用式 (9.10)，比较式 (9.8) 的第一式和第三式，可得 $a_{11} = a_{22}$。考虑 Σ' 的原点 O'，在参考系 Σ 观察，O' 以速度 v 沿 x 轴方向运动，因此

其坐标为 $x = vt$。因为 O' 在 Σ' 参考系中的坐标永远是 $x' = 0$，因而由式 (9.6) 第一式有

$$0 = a_{11}vt + a_{12}ct \tag{9.11}$$

即

$$a_{12} = -\frac{v}{c}a_{11} \tag{9.12}$$

故 $a_{12} < 0$。将式 (9.9) 和式 (9.10) 代入式 (9.11) 可求得

$$a_{12} = a_{21} = \frac{-\dfrac{v}{c}}{\sqrt{1 - \dfrac{v^2}{c^2}}} \tag{9.13}$$

利用式 (9.12) 和式 (9.13) 可求得

$$a_{11} = a_{22} = \frac{1}{\sqrt{1 - \dfrac{v^2}{c^2}}} \tag{9.14}$$

这样依据光速不变，我们演绎得到不同于伽利略变换式 (9.1) 的下列时空变换：

$$\begin{cases} x' = \dfrac{x - vt}{\sqrt{1 - \dfrac{v^2}{c^2}}} \\ y' = y \\ z' = z \\ t' = \dfrac{t - \dfrac{v}{c^2}x}{\sqrt{1 - \dfrac{v^2}{c^2}}} \end{cases} \tag{9.15}$$

这个变换通常称为洛伦兹变换，根本性地改变了我们过去的时空观。在旧的时空观里，时间和空间是独立的，在新的时空观里它们不再独立。考虑惯性参考系 Σ 中发生的两个事件 (x_1, y_1, z_1, t_1) 和 (x_2, y_2, z_2, t_2)，根据

式 (9.15) 可得

$$t_2' - t_1' = \frac{t_2 - t_1 - \dfrac{v}{c^2}(x_2 - x_1)}{\sqrt{1 - \dfrac{v^2}{c^2}}} \tag{9.16}$$

由式 (9.16) 可知，当 $t_1 = t_2$ 时，t_1' 未必等于 t_2'，即在一个惯性参考系 Σ 中不同地点同时发生的两个事件，在另一个惯性参考系 Σ' 中完全有可能是不同时的。更一般地说，时间间隔是相对的，随着惯性参考系的不同而不同。为了让后面将要谈到的速度有一个明确的定义，我们将静止参考系下的时间间隔称为固有时。从式 (9.16) 可以看出，固有时，即 $x_1 = x_2$ 时测出的时间间隔 $\Delta t = t_2 - t_1$，一般要小于运动参考系下的时间间隔 $\Delta t' = t_2' - t_1'$。不过，如果两个参考系相对运动速度与光速相比很小，式 (9.15) 可近似为式 (9.1)，换言之，在运动速度与光速相比较小时，旧的时空观仍然成立。另外，在参考系相对速度和物体运动速度都小于光速，即 $v < c$ 和 $|(x_2 - x_1)/(t_2 - t_1)| < c$ 的情况下，如果 $t_2 > t_1$，那么式 (9.16) 右边也将大于 0，即 $t_2' > t_1'$，这表明，只要参考系和物体运动速度小于光速，事件发生的先后次序不会发生改变，即因果律仍然成立。

新的时空观来源于"光速在相对运动的惯性参考系中不变"这个基本的物理事实，因此基于新的时空观所建立的理论称为**相对论**。相对论的核心是时空基本物理量不再遵循伽利略变换，而是遵循洛伦兹变换。为了能简洁地说清楚这个核心，我们先引入时空坐标 $\boldsymbol{x} = (x_1, x_2, x_3, x_4)$，这里 x_1, x_2, x_3 是表示空间位置的坐标，$x_4 = \mathrm{i}ct$，i 是虚数单位。之所以在第四维引入虚数坐标，是为了让四维坐标在二次式 (9.3) 中完全对称，

即二次不变式可表示为

$$\sum_{i=1}^{4} x_i^2 = 不变量 \tag{9.17}$$

定义了时空坐标, 相对论的核心, 即两个相对运动的惯性参考系的时空坐标 (为了方便, 两个参考系只在 x_1 方向存在相对运动) 转换可表述为

$$\boldsymbol{x}' = [\alpha]\,\boldsymbol{x} \tag{9.18}$$

其中,

$$[\alpha] = \begin{bmatrix} \gamma & 0 & 0 & \mathrm{i}\beta\gamma \\ 0 & 1 & 0 & 0 \\ 0 & 0 & 1 & 0 \\ -\mathrm{i}\beta\gamma & 0 & 0 & \gamma \end{bmatrix} \tag{9.19}$$

式中,

$$\beta = \frac{v}{c}, \quad \gamma = \frac{1}{\sqrt{1-\beta^2}} \tag{9.20}$$

9.2　质 能 关 系

下面我们用相对论的时空观来重新研究力学中的一些重要概念。首先来研究一下速度的概念。类比力学中原速度定义, 可将相对论的速度 $\boldsymbol{U} = (U_1, U_2, U_3, U_4)$ 定义为时空坐标 $\boldsymbol{x} = (x_1, x_2, x_3, x_4)$ 对时间的导数。为了明确, 这里的时间指的是固有时, 这是与原速度定义不同的, 原速度定义中的时间指的是运动参考系中的时间。这样相对论中的速度与原速度存在如下关系:

$$\boldsymbol{U} = \gamma\boldsymbol{V} \tag{9.21}$$

可以验证这样定义的速度满足洛伦兹变换, 即

$$\boldsymbol{U}' = [\alpha]\,\boldsymbol{U} \tag{9.22}$$

下面我们就用相对于 x_1 方向运动的参考系来验证一下。在参考系 Σ' 中位置坐标 x_1' 变为

$$x_1' = \gamma \left(x_1 + \mathrm{i}\beta x_4 \right) \tag{9.23}$$

对式 (9.23) 两边求固有时的导数可得

$$U_1' = \gamma \left(U_1 + \mathrm{i}\beta U_4 \right) \tag{9.24}$$

参考系 Σ' 中其他方向的速度可仿照得到, 进而可验证式 (9.22) 成立。

有了相对论中的速度定义, 就可定义相对论中的动量 $\boldsymbol{p}$, 即

$$\boldsymbol{p} = \boldsymbol{m}_0 \boldsymbol{U} \tag{9.25}$$

为了理解 $\boldsymbol{p}$ 中每一项的物理意义, 我们将式 (9.25) 写成标量形式:

$$p_\mu = m_0 U_\mu = m_0 \gamma v_\mu = \frac{m_0 v_\mu}{\sqrt{1 - \dfrac{v^2}{c^2}}}, \quad \mu = 1, 2, 3$$

$$p_4 = m_0 U_4 = \mathrm{i}c\gamma m_0 = \frac{\mathrm{i}}{c} \frac{m_0 c^2}{\sqrt{1 - \dfrac{v^2}{c^2}}} \tag{9.26}$$

当 $v \ll c$ 时, $p_\mu \approx m_0 v_\mu$, 因此可以认为 $\boldsymbol{p}$ 中前三个分量构成的矢量 $\bar{\boldsymbol{p}}$ 就是相对论中的动量, 在低速情况下趋于经典动量 $m_0 \boldsymbol{v}$。为了理解 p_4 的物理意义, 我们依据经典力学中的定义计算功率:

$$P = \boldsymbol{F} \cdot \boldsymbol{v} = \frac{\mathrm{d}}{\mathrm{d}t} \left(\frac{m_0 \boldsymbol{v}}{\sqrt{1 - \dfrac{v^2}{c^2}}} \right) \cdot \boldsymbol{v} = \frac{m_0}{\sqrt{1 - \dfrac{v^2}{c^2}}} \frac{\mathrm{d}\boldsymbol{v}}{\mathrm{d}t} \cdot \boldsymbol{v} + \frac{m_0 v^2}{\left(1 - \dfrac{v^2}{c^2} \right)^{3/2}} \frac{v}{c^2} \frac{\mathrm{d}v}{\mathrm{d}t}$$

$$= \frac{m_0 v}{\sqrt{1 - \dfrac{v^2}{c^2}}} \frac{\mathrm{d}v}{\mathrm{d}t} + \frac{m_0 v^2}{\left(1 - \dfrac{v^2}{c^2} \right)^{3/2}} \frac{v}{c^2} \frac{\mathrm{d}v}{\mathrm{d}t}$$

$$= \frac{m_0 v}{\left(1 - \dfrac{v^2}{c^2}\right)^{3/2}} \frac{\mathrm{d}v}{\mathrm{d}t} = \frac{\mathrm{d}}{\mathrm{d}t}\left(\frac{m_0 c^2}{\sqrt{1 - \dfrac{v^2}{c^2}}}\right)$$

由此可见，相对论中的能量表达式为

$$W = \frac{m_0 c^2}{\sqrt{1 - \dfrac{v^2}{c^2}}} \tag{9.27}$$

因此 p_4 是一个与能量相关的量，p_4 与能量 W 的关系如下：

$$p_4 = \frac{\mathrm{i}}{c}W \tag{9.28}$$

下面我们来考察一下这样定义的动量 $\boldsymbol{p}$ 在两个相对运动惯性参考系下的关系。设物体 A 具有静止能量 W_0，在 A 的静止参考系中，A 的动量和能量分别为

$$\bar{\boldsymbol{p}} = 0, \quad W = W_0 \tag{9.29}$$

在另一个参考系 Σ' 上观察，设 A 的速度为 x_1 方向，速率为 v_1，则 A 的动量为

$$p_1' = m_0 \gamma v_1 \tag{9.30}$$

但动量 p_1' 也可用洛伦兹变换求得

$$p_1' = \gamma\left(p_1 + \frac{v}{c^2}W\right) \tag{9.31}$$

将式 (9.29) 代入式 (9.31) 得

$$p_1' = \frac{v}{c^2}\gamma W_0 \tag{9.32}$$

比较式 (9.30) 和式 (9.32) 可得

$$W_0 = m_0 c^2 \tag{9.33}$$

这便是质能关系，是狭义相对论中的一个重要关系，是原子能利用的理论基础。

以上大致描述了狭义相对论的构建过程。狭义相对论的建立是物理学中的划时代事件，是人类文明的杰作。这一构建过程充分展示了思维的神奇力量。为了能领悟其力量之源及关键，我们不妨再回味一下。整个思维的起点在于一个不协调的物理事实：光速不变。这和通常的时空观相违背。说得更有力、更精确些，就是：这个基本物理事实和通常的伽利略时空变换相违背。为了协调，我们需要构建新的时空变换。于是便转入一个数学问题：找到一个保证协调的数学变换，这便是洛伦兹变换。这个新的洛伦兹时空变换彻底改变了我们的时空观。在洛伦兹时空变换下，时间和空间不再独立。利用洛伦兹时空变换研究力学中的动量和能量，便不难发现质能关系，找到了原子能利用的理论基础，从此开启了原子能利用和开发的时代，思维的力量转化成真正的现实力量。力量源于对协调之美的追求，力量实现于数学工具的发明和利用。

第10章 变换空间中的麦克斯韦方程

如何设计介质特征及其分布以控制电磁波的传播路径，是一个很有意义的问题，同时也是一个极其困难的麦克斯韦方程求解的逆问题。但是，如果我们换个角度看此问题，那么问题的求解就会变成一个容易得多的正问题。将所要设计的电磁波传播路径看成均匀空间电磁波传播路径的一个变换，如果利用物理概念能建立起变换空间中的麦克斯韦方程，那么此方程的解所表示的电磁波传播路径就是所要设计的电磁波传播路径。这样，问题的核心就变成如何建立变换空间中的麦克斯韦方程。从数学上来看，这个转化并不严格。但是，在物理上，这不仅是合理、允许的，而且是物理想象、创新的一种常用思路。这个转化的实质是将变换空间中的麦克斯韦方程看成更一般的物理规律，这样原来建立的麦克斯韦方程只是一般变换空间中的麦克斯韦方程的一种特殊情况。这再次反映出物理研究的美学追求 (统一和简洁) 的重大意义，使我们站得高，看得远，化难成易。

10.1 一般变换空间的麦克斯韦方程

下面就让我们建立变换空间中的麦克斯韦方程。我们知道，无源空间麦克斯韦方程组在笛卡儿坐标系下可写为

$$\nabla \times \boldsymbol{E} = -\mu_r \mu_0 \frac{\partial \boldsymbol{H}}{\partial t} \tag{10.1}$$

$$\nabla \times \boldsymbol{H} = \varepsilon_r \varepsilon_0 \frac{\partial \boldsymbol{E}}{\partial t} \tag{10.2}$$

其中，(μ_r, ε_r) 为空间位置的函数。在均匀介质中，电磁波以直线传播，如图 10.1(a) 所示。若建立图 10.1(a) 直角坐标系到一般曲面坐标 (q_1, q_2, q_3) 的映射，则图 10.1(a) 中所示的电磁波在变换空间 (q_1, q_2, q_3) 就变成曲线传播，如图 10.1(b) 所示。下面利用旋度的定义，严格推导式 (10.1)、式 (10.2) 在一般曲面坐标 (q_1, q_2, q_3) 变换空间中的形式。

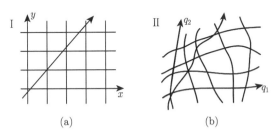

(a)　　　　　　　　(b)

图 10.1　坐标系 I 与 II 的映射

考虑任意曲面坐标系下一段线段的长度，其平方值为

$$
\begin{aligned}
\mathrm{d}s^2 =& \mathrm{d}x^2 + \mathrm{d}y^2 + \mathrm{d}z^2 \\
=& Q_{11}\mathrm{d}q_1^2 + Q_{22}\mathrm{d}q_2^2 + Q_{33}\mathrm{d}q_3^2 + 2Q_{12}\mathrm{d}q_1\mathrm{d}q_2 \\
& + 2Q_{13}\mathrm{d}q_1\mathrm{d}q_3 + 2Q_{23}\mathrm{d}q_2\mathrm{d}q_3
\end{aligned}
\tag{10.3}
$$

其中，

$$
Q_{ij} = \frac{\partial x}{\partial q_i}\frac{\partial x}{\partial q_j} + \frac{\partial y}{\partial q_i}\frac{\partial y}{\partial q_j} + \frac{\partial z}{\partial q_i}\frac{\partial z}{\partial q_j}
\tag{10.4}
$$

还有三个很特别的线度量，即沿着坐标轴 (q_1, q_2, q_3) 的单元长度 (曲面坐标系的拉梅系数)：

$$
\mathrm{d}s_i = \sqrt{Q_{ii}}\mathrm{d}q_i = Q_i\mathrm{d}q_i \quad \left(Q_i \stackrel{\Delta}{=} \sqrt{Q_{ii}} \right)
\tag{10.5}
$$

用 $(\hat{\boldsymbol{u}}_1, \hat{\boldsymbol{u}}_2, \hat{\boldsymbol{u}}_3)$ 表示曲线坐标系沿坐标轴的单位基矢量 (即协变单位基矢量)。如果我们用足够小的网格来分割空间，那么每个剖分单元可以看作是一个如图 10.2(a) 所示的平行六面体。

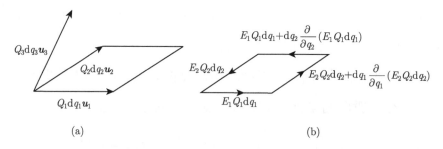

图 10.2　变换空间通量与环路积分计算示意图

如果剖分网格足够小，我们可以用图 10.2 (b) 所示的积分路径来计算 $\nabla \times \boldsymbol{E}$ 在 $\hat{\boldsymbol{u}}_1$, $\hat{\boldsymbol{u}}_2$ 平面法向上的投影：

$$E_1 = \boldsymbol{E} \cdot \hat{\boldsymbol{u}}_1, \quad E_2 = \boldsymbol{E} \cdot \hat{\boldsymbol{u}}_2, \quad E_3 = \boldsymbol{E} \cdot \hat{\boldsymbol{u}}_3 \qquad (10.6)$$

E_1, E_2, E_3 分别为线段 a, b, c 的中点处的值，在积分中作为线段上的平均值参与计算。所以，法拉第定律积分形式在逆变基矢量 $\hat{\boldsymbol{u}}^3$ 的方向分量可表示为

$$(\nabla \times \boldsymbol{E}) \cdot (\hat{\boldsymbol{u}}_1 \times \hat{\boldsymbol{u}}_2) \, Q_1 \mathrm{d}q_1 Q_2 \mathrm{d}q_2 = \mathrm{d}q_1 \frac{\partial}{\partial q_1} \left(E_2 Q_2 \mathrm{d}q_2 \right) - \mathrm{d}q_2 \frac{\partial}{\partial q_2} \left(E_1 Q_1 \mathrm{d}q_1 \right)$$
$$(10.7)$$

如果我们引入归一化的场量，$\hat{E}_i = E_i Q_i, \hat{H}_i = H_i Q_i \, (i = 1, 2, 3)$，则上式变为

$$(\nabla \times \boldsymbol{E}) \cdot (\hat{\boldsymbol{u}}_1 \times \hat{\boldsymbol{u}}_2) \, Q_1 Q_2 = \frac{\partial \hat{E}_2}{\partial q_1} - \frac{\partial \hat{E}_1}{\partial q_2} = \left(\nabla_q \times \hat{\boldsymbol{E}} \right)^3 \qquad (10.8)$$

其中，上标 3 代表第三维度的逆变基矢量 $\hat{\boldsymbol{u}}^3$ 的方向分量。由式 (10.1) 可得

$$(\nabla \times \boldsymbol{E}) \cdot (\hat{\boldsymbol{u}}_1 \times \hat{\boldsymbol{u}}_2) \, Q_1 Q_2 = -\mu_r \mu_0 \frac{\partial \boldsymbol{H}}{\partial t} \cdot (\hat{\boldsymbol{u}}_1 \times \hat{\boldsymbol{u}}_2) \, Q_1 Q_2 \qquad (10.9)$$

接下来处理上式的右端。场量 $\boldsymbol{H}$ 既可以用协变单位基矢量 (对应逆变分量) 表示, 也可以用逆变单位基矢量 (对应协变分量) 表示:

$$\boldsymbol{H} = H^1 \hat{\boldsymbol{u}}_1 + H^2 \hat{\boldsymbol{u}}_2 + H^3 \hat{\boldsymbol{u}}_3 = H_1 \hat{\boldsymbol{u}}^1 + H_2 \hat{\boldsymbol{u}}^2 + H_3 \hat{\boldsymbol{u}}^3 \tag{10.10}$$

且两种分量间有如下联系:

$$\begin{bmatrix} H_1 \\ H_2 \\ H_3 \end{bmatrix} = \begin{bmatrix} \hat{\boldsymbol{u}}_1 \cdot \hat{\boldsymbol{u}}_1 & \hat{\boldsymbol{u}}_1 \cdot \hat{\boldsymbol{u}}_2 & \hat{\boldsymbol{u}}_1 \cdot \hat{\boldsymbol{u}}_3 \\ \hat{\boldsymbol{u}}_2 \cdot \hat{\boldsymbol{u}}_1 & \hat{\boldsymbol{u}}_2 \cdot \hat{\boldsymbol{u}}_2 & \hat{\boldsymbol{u}}_2 \cdot \hat{\boldsymbol{u}}_3 \\ \hat{\boldsymbol{u}}_3 \cdot \hat{\boldsymbol{u}}_1 & \hat{\boldsymbol{u}}_3 \cdot \hat{\boldsymbol{u}}_2 & \hat{\boldsymbol{u}}_3 \cdot \hat{\boldsymbol{u}}_3 \end{bmatrix} \begin{bmatrix} H^1 \\ H^2 \\ H^3 \end{bmatrix} = \bar{\bar{\boldsymbol{g}}}^{-1} \begin{bmatrix} H^1 \\ H^2 \\ H^3 \end{bmatrix} \tag{10.11}$$

其中, $\bar{\bar{\boldsymbol{g}}}$ 由上式定义。上式两端左乘 $\bar{\bar{\boldsymbol{g}}}$ 可得

$$H^i = \sum_{j=1}^{3} g^{ij} H_j \tag{10.12}$$

故

$$\frac{\partial \boldsymbol{H}}{\partial t} \cdot (\hat{\boldsymbol{u}}_1 \times \hat{\boldsymbol{u}}_2) = \frac{\partial H^3}{\partial t} \hat{\boldsymbol{u}}_3 \cdot (\hat{\boldsymbol{u}}_1 \times \hat{\boldsymbol{u}}_2) = \sum_{j=1}^{3} g^{3j} \frac{\partial H_j}{\partial t} \left| \hat{\boldsymbol{u}}_3 \cdot (\hat{\boldsymbol{u}}_1 \times \hat{\boldsymbol{u}}_2) \right|$$

$$= \sum_{j=1}^{3} \frac{g^{3j}}{Q_j} \frac{\partial \hat{H}_j}{\partial t} \left| \hat{\boldsymbol{u}}_3 \cdot (\hat{\boldsymbol{u}}_1 \times \hat{\boldsymbol{u}}_2) \right| \tag{10.13}$$

因此

$$(\nabla \times \boldsymbol{E}) \cdot (\hat{\boldsymbol{u}}_1 \times \hat{\boldsymbol{u}}_2) Q_1 Q_2$$
$$= -\mu_r \mu_0 \left| \hat{\boldsymbol{u}}_3 \cdot (\hat{\boldsymbol{u}}_1 \times \hat{\boldsymbol{u}}_2) \right| Q_1 Q_2 Q_3 \sum_{j=1}^{3} \frac{g^{3j}}{Q_3 Q_j} \frac{\partial \hat{H}_j}{\partial t} \tag{10.14}$$

如果定义

$$\mu^{ij} \triangleq \mu_r g^{ij} \left| \hat{\boldsymbol{u}}_3 \cdot (\hat{\boldsymbol{u}}_1 \times \hat{\boldsymbol{u}}_2) \right| \frac{Q_1 Q_2 Q_3}{Q_i Q_j} \tag{10.15}$$

则式 (10.9) 可写为

$$\left(\nabla \times \boldsymbol{E}\right) \cdot \left(\hat{\boldsymbol{u}}_1 \times \hat{\boldsymbol{u}}_2\right) Q_1 Q_2 = -\mu_0 \sum_{j=1}^{3} \mu^{3j} \frac{\partial \hat{H}_j}{\partial t} \tag{10.16}$$

由式 (10.8), 有

$$\left(\nabla_q \times \hat{\boldsymbol{E}}\right)^i = -\mu_0 \sum_{j=1}^{3} \hat{\mu}^{ij} \frac{\partial \hat{H}_j}{\partial t} \tag{10.17}$$

此处已把式 (10.8) 中的第三维度推广至任意维度 i。同理有

$$\left(\nabla_q \times \hat{\boldsymbol{H}}\right)^i = \varepsilon_0 \sum_{j=1}^{3} \varepsilon^{ij} \frac{\partial \hat{E}_j}{\partial t} \tag{10.18}$$

其中,

$$\varepsilon^{ij} \triangleq \varepsilon_r g^{ij} \left|\hat{\boldsymbol{u}}_3 \cdot \left(\hat{\boldsymbol{u}}_1 \times \hat{\boldsymbol{u}}_2\right)\right| \frac{Q_1 Q_2 Q_3}{Q_i Q_j} \tag{10.19}$$

式 (10.17)、式 (10.18) 也可以写成

$$\nabla_q \times \hat{\boldsymbol{E}} = -\mu_0 \bar{\bar{\mu}}_r \frac{\partial \hat{\boldsymbol{H}}}{\partial t} \tag{10.20}$$

$$\nabla_q \times \hat{\boldsymbol{H}} = \varepsilon_0 \bar{\bar{\varepsilon}}_r \frac{\partial \hat{\boldsymbol{E}}}{\partial t} \tag{10.21}$$

在正交坐标系 (如柱坐标系、球坐标系) 中, 由于

$$g^{ij} \left|\hat{\boldsymbol{u}}_1 \cdot \left(\hat{\boldsymbol{u}}_2 \times \hat{\boldsymbol{u}}_3\right)\right| = \delta_{ij} \tag{10.22}$$

式 (10.15)、式 (10.19) 将简化为单上标元素, 表示对角元素, 表示为

$$\mu^i = \mu_r \frac{Q_1 Q_2 Q_3}{Q_i^2}, \quad \varepsilon^i = \varepsilon_r \frac{Q_1 Q_2 Q_3}{Q_i^2} \tag{10.23}$$

可见, 麦克斯韦方程在任意曲面坐标变换空间中, 仍可以保持形式不变, 只不过实际空间中的简单介质变成了变换空间中由式 (10.15)、式 (10.19) 定义的各向异性介质。这告诉我们: 如果希望电磁波按一种方

式传播，那么就可视这种电磁波传播方式为一种坐标变换，利用这个变换关系，依据式 (10.15) 和式 (10.19) 便可设计出一种介质分布。电磁波在这种介质分布下便按设想的方式传播。

10.2　一种特殊隐身变换的麦克斯韦方程

下面以英国物理学家 Pendry 所用的坐标变换为例，介绍坐标变换在隐身设计中的应用。我们希望电磁波按图 10.3(b) 的方式传播。如图所示，电磁波绕着中心球形区域传播，即中心球区域被完全隐身。作为参照，图 10.3(a) 画出了均匀介质中电磁波的传播。按照上述设计方法，我们第一步需要找到电磁波从图 10.3(a) 到图 10.3(b) 的变换。Pendry 给出了这个变换，具体变换如下：

$$r = \begin{cases} g\left(r'\right), & 0 \leqslant r' \leqslant R_2 \\ r', & r' > R_2 \end{cases}, \qquad \theta = \theta', \quad \varphi = \varphi' \qquad (10.24)$$

其中，$g\left(r\right) = R_1 + \dfrac{R_2 - R_1}{R_2}r$。其逆变换为

$$r' = \begin{cases} f\left(r\right), & R_1 \leqslant r \leqslant R_2 \\ r, & r > R_2 \end{cases}, \qquad \theta' = \theta, \quad \varphi' = \varphi \qquad (10.25)$$

其中，$f\left(r\right) = g^{-1}\left(r\right) = \dfrac{r - R_1}{R_2 - R_1}R_2$。

接着，我们需要导出这个变换下的拉梅系数。因为这个变换是在球坐标系下建立的，而上述拉梅系数的推导是在直角坐标系下进行的，为此，我们首先分别导出变换前、后空间在球坐标系下的拉梅系数，然后导出对应这个变换本身的拉梅系数。

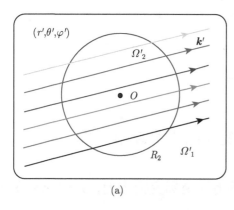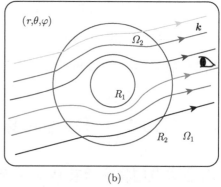

$$(a) \qquad\qquad\qquad\qquad (b)$$

图 10.3　电磁波在两种坐标变换前、后空间中的传播

变换前空间在球坐标系下的拉梅系数为

$$Q_1 = \frac{\mathrm{d}s_1}{\mathrm{d}r} = 1$$

$$Q_2 = \frac{\mathrm{d}s_1}{\mathrm{d}\theta} = r \qquad\qquad (10.26)$$

$$Q_3 = \frac{\mathrm{d}s_1}{\mathrm{d}\varphi} = r \sin\theta$$

变换后空间在球坐标系下的拉梅系数为

$$Q_1' = \frac{\mathrm{d}s_1}{\mathrm{d}r'} = \frac{R_2}{R_2 - R_1}$$

$$Q_2' = \frac{\mathrm{d}s_2}{\mathrm{d}\theta'} = r' = \frac{r - R_1}{R_2 - R_1} R_2 \qquad\qquad (10.27)$$

$$Q_3' = \frac{\mathrm{d}s_3}{\mathrm{d}\varphi'} = r' \sin\theta' = \frac{r - R_1}{R_2 - R_1} R_2 \sin\theta$$

因此, 对应于 Pendry 变换式 (10.24) 的拉梅系数为

$$Q_{1r}' = \frac{R_2}{R_2 - R_1}, \quad Q_{2r}' = \frac{r - R_1}{r} \frac{R_2}{R_2 - R_1}, \quad Q_{3r}' = \frac{r - R_1}{r} \frac{R_2}{R_2 - R_1}$$

$$(10.28)$$

根据式 (10.23) 可以设计电磁波按图 10.3(b) 传播所需的介质的相

对介电常数和磁导率为

$$\varepsilon_r = \mu_r = \frac{Q'_{1r}Q'_{2r}Q'_{3r}}{Q'^2_{1r}} = \frac{(r-R_1)^2}{r^2}\frac{R_2}{R_2-R_1}$$

$$\varepsilon_\theta = \mu_\theta = \frac{Q'_{1r}Q'_{2r}Q'_{3r}}{Q'^2_{2r}} = \frac{R_2}{R_2-R_1} \tag{10.29}$$

$$\varepsilon_\phi = \mu_\phi = \frac{Q'_{1r}Q'_{2r}Q'_{3r}}{Q'^2_{3r}} = \frac{R_2}{R_2-R_1}$$

第 9 章展示了用不同惯性系观察麦克斯韦方程所获得的时空观念的突破，本章可以说是受第 9 章的启发，思考、建立变换空间中的麦克斯韦方程。令人惊异的是，这一观察角度的改变，使原本极难的麦克斯韦方程逆问题变得很容易了。真可谓横看成岭侧成峰！细思这一结果，不难发现物理研究和数学研究的不同。从数学上看，怎样设计介质分布，从而控制电磁波按照设定的路线传播，是一个死且硬的逆问题，因为麦克斯韦方程是确定的，不可改变；但是，从物理上看，麦克斯韦方程是可以推广的，我们可以用建立麦克斯韦方程的原始概念，在变换空间中建立广义的麦克斯韦方程。这样，在变换空间麦克斯韦方程下，原来极难的逆问题就变成了一个简单的正向问题了。严格说来，变换空间麦克斯韦方程的正向问题与原麦克斯韦方程下的逆问题的等价性需要证明。但是，这不容易。这使我想起了哥德尔的不完备性定理，或许这种证明就是不可能的。不过，这并没有关系，因为变换空间中的麦克斯韦方程的正确性已被实验所证实。这进一步说明，我们要用更统一、更广阔的角度去考察物理规律的重要性、真实性。

第 11 章　复延拓空间中的麦克斯韦方程

第 10 章研究了变换空间中的麦克斯韦方程,从中得到了一种控制电磁波传播的方法。这个研究告诉我们:从更高、更广的角度去观察麦克斯韦方程,能获得一些新的东西。本章将研究复延拓空间中的麦克斯韦方程。我们将会看到复延拓空间中的麦克斯韦方程能给出一种完全匹配吸收介质的设计方法。

11.1　复延拓麦克斯韦方程

对直角坐标系坐标进行复延拓,即 $x \to \bar{x} = s_x x$, $y \to \bar{y} = s_y y$, $z \to \bar{z} = s_z z$,这里复系数 $s_p = 1 - \mathrm{j}\alpha_p$, $\alpha_p > 0$, $p = x, y, z$,在这种变换下,∇ 算子在直角坐标系下可写成

$$\nabla \to \bar{\nabla} = \hat{x}\frac{\partial}{\partial \bar{x}} + \hat{y}\frac{\partial}{\partial \bar{y}} + \hat{z}\frac{\partial}{\partial \bar{z}}$$
$$= \hat{x}\frac{1}{s_x}\frac{\partial}{\partial x} + \hat{y}\frac{1}{s_y}\frac{\partial}{\partial y} + \hat{z}\frac{1}{s_Z}\frac{\partial}{\partial z} \tag{11.1}$$

将式 (11.1) 写成下面更紧凑的形式:

$$\bar{\nabla} = \bar{\bar{S}} \cdot \nabla \tag{11.2}$$

其中,

$$\bar{\bar{S}} = \hat{x}\hat{x}\left(\frac{1}{s_x}\right) + \hat{y}\hat{y}\left(\frac{1}{s_y}\right) + \hat{z}\hat{z}\left(\frac{1}{s_z}\right) \tag{11.3}$$

这样麦克斯韦方程也就变成

$$\bar{\nabla} \times \boldsymbol{E}^c = -\mathrm{j}\omega\mu_0 \boldsymbol{H}^c \tag{11.4}$$

$$\bar{\nabla} \times \boldsymbol{H}^c = \mathrm{j}\omega\varepsilon_0 \boldsymbol{E}^c \tag{11.5}$$

这便是复空间中的麦克斯韦方程。这里上标 "c" 表示此处的场与真实电磁场有所不同，因为方程中的算子已不同于麦克斯韦方程中的算子。为了能统一处理实空间和复空间的情形，下面欲通过数学矢量运算将复空间中的式 (11.4)、式 (11.5) 转化为实空间中的麦克斯韦方程形式。利用下面直角坐标系下恒等式：

$$\nabla \times \left(\bar{\bar{S}}^{-1} \cdot \boldsymbol{a}\right) = \left(\det \bar{\bar{S}}\right)^{-1} \bar{\bar{S}} \cdot \left(\bar{\bar{S}} \cdot \nabla\right) \times \boldsymbol{a} \tag{11.6}$$

这里，$\boldsymbol{a}\left(\boldsymbol{r}\right)$ 为任意矢量函数；$\det \bar{\bar{S}} = (s_x s_y s_z)^{-1}$。这个恒等式可以这么理解：恒等式 (11.6) 右边中的 $\left(\bar{\bar{S}} \cdot \nabla\right) \times \boldsymbol{a}$ 可以表示为

$$\left(\bar{\bar{S}} \cdot \nabla\right) \times a = \begin{vmatrix} \hat{x} & \hat{y} & \hat{z} \\ \dfrac{1}{s_x}\dfrac{\partial}{\partial x} & \dfrac{1}{s_y}\dfrac{\partial}{\partial y} & \dfrac{1}{s_z}\dfrac{\partial}{\partial z} \\ a_x & a_y & a_z \end{vmatrix} \tag{11.6a}$$

因此 $\left(\det \bar{\bar{S}}\right)^{-1} \bar{\bar{S}} \cdot \left(\bar{\bar{S}} \cdot \nabla\right) \times \boldsymbol{a}$ 的 x 方向分量为

$$\left.\left(\det \bar{\bar{S}}\right)^{-1} \bar{\bar{S}} \cdot \left(\bar{\bar{S}} \cdot \nabla\right) \times \boldsymbol{a}\right|_x = s_y s_z \left(\frac{1}{s_y}\frac{\partial a_z}{\partial y} - \frac{1}{s_z}\frac{\partial a_y}{\partial z}\right) = s_z \frac{\partial a_z}{\partial y} - s_y \frac{\partial a_y}{\partial z} \tag{11.6b}$$

再看式 (11.6) 左边

$$\nabla \times \left(\bar{\bar{S}}^{-1} \cdot a\right) = \begin{vmatrix} \hat{x} & \hat{y} & \hat{z} \\ \dfrac{\partial}{\partial x} & \dfrac{\partial}{\partial y} & \dfrac{\partial}{\partial z} \\ s_x a_x & s_y a_y & s_z a_z \end{vmatrix} \tag{11.6c}$$

所以 $\nabla \times \left(\bar{\bar{S}}^{-1} \cdot a\right)$ 的 x 方向分量为

$$\left.\nabla \times \left(\bar{\bar{S}}^{-1} \cdot a\right)\right|_x = s_z \frac{\partial a_z}{\partial y} - s_y \frac{\partial a_y}{\partial z} \tag{11.6d}$$

由此可见, 式 (11.6) 两边的 x 分量相同, 其他分量同样可验证。故式 (11.6) 成立。利用式 (11.6), 式 (11.4)、式 (11.5) 可转化为

$$\nabla \times \left(\bar{\bar{S}}^{-1} \cdot \boldsymbol{E}^c \right) = -\mathrm{j}\omega\mu_0 \left(\det \bar{\bar{S}} \right)^{-1} \bar{\bar{S}} \cdot \boldsymbol{H}^c \tag{11.7}$$

$$\nabla \times \left(\bar{\bar{S}}^{-1} \cdot \boldsymbol{H}^c \right) = \mathrm{j}\omega\varepsilon_0 \left(\det \bar{\bar{S}} \right)^{-1} \bar{\bar{S}} \cdot \boldsymbol{E}^c \tag{11.8}$$

令

$$\boldsymbol{E} = \bar{\bar{S}}^{-1} \cdot \boldsymbol{E}^c \tag{11.9}$$

$$\boldsymbol{H} = \bar{\bar{S}}^{-1} \cdot \boldsymbol{H}^c \tag{11.10}$$

这样一来式 (11.7)、式 (11.8) 便可写成

$$\nabla \times \boldsymbol{E} = -\mathrm{j}\omega\mu_0 \left(\det \bar{\bar{S}} \right)^{-1} \bar{\bar{S}} \cdot \bar{\bar{S}} \boldsymbol{H} \tag{11.11}$$

$$\nabla \times \boldsymbol{H} = \mathrm{j}\omega\varepsilon_0 \left(\det \bar{\bar{S}} \right)^{-1} \bar{\bar{S}} \cdot \bar{\bar{S}} \boldsymbol{E} \tag{11.12}$$

这便是经过复延拓之后的麦克斯韦方程在实空间中的表达形式。由此可以看出复延拓等价于介质变换成如下各向异性介质:

$$\bar{\bar{\varepsilon}}_r = \bar{\bar{\mu}}_r = \left(\det \bar{\bar{S}} \right)^{-1} \bar{\bar{S}} \cdot \bar{\bar{S}} = \bar{\bar{A}} \tag{11.13}$$

其中,

$$\bar{\bar{A}} = \hat{x}\hat{x}A_x + \hat{y}\hat{y}A_y + \hat{z}\hat{z}A_z \tag{11.14}$$

$$A_x = \frac{s_y s_z}{s_x}, \quad A_y = \frac{s_z s_x}{s_y}, \quad A_z = \frac{s_x s_y}{s_z} \tag{11.15}$$

11.2　完全匹配吸收层设计

这个结论给我们设计吸收介质提供了一种方法。如图 11.1 所示, 为了吸收电磁波, 我们在 $z \geqslant 0$ 空间进行如下复延拓: $x \to \bar{x} = x,\ y \to \bar{y} =$

y, $z \to \bar{z} = s_z z$，这里，$s_z = 1 - \mathrm{j}\alpha_z$，$\alpha_z > 0$。根据以上分析，这相当于在 $z \geqslant 0$ 空间放置了以下各向异性有耗介质：

$$\bar{\bar{\varepsilon}}_r = \bar{\bar{\mu}}_r = \bar{\bar{\Lambda}} \tag{11.16}$$

其中，

$$\bar{\bar{\Lambda}} = \hat{x}\hat{x}\ s_z + \hat{y}\hat{y}\ s_z + \hat{z}\hat{z}\frac{1}{s_z} \tag{11.17}$$

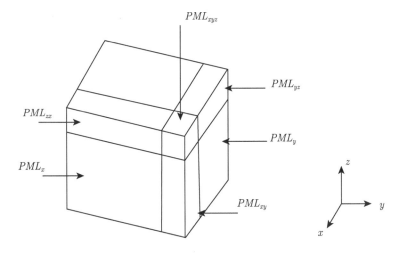

图 11.1 完全匹配吸收层不同区域示意图

因为上述介质是只在 z 方向进行复延拓得到的，即在 x-y 平面保持场的切向连续性，所以电磁波进入复延拓空间，即吸收介质区域，不会发生反射，换言之，这样便设计得到**完全匹配吸收层**。在频域中，复坐标延伸因子一般取下面形式：

$$s_z = 1 - \mathrm{j}\frac{\sigma_z}{\omega\varepsilon_0} \tag{11.18}$$

这里延伸因子的虚部，即电磁场的衰减因子，是一个频率的函数。之所以这样选择：一是和真实吸收材料的衰减因子符合；二是完全匹配吸收层的厚度在实际计算中是固定的，不同频率的电厚度也就不同。采用上述形式的衰减因子，能保证在不同频率下的吸收效果相当。

上述设计的介质是在一个方向的吸收介质。在很多时候，譬如说三维目标散射的有限元计算或时域有限差分计算中，需要设计所有方向的吸收介质，即需要在三个方向进行复延拓：

$$s_x = 1 - \mathrm{j}\frac{\sigma_x}{\omega\varepsilon_0} \tag{11.19}$$

$$s_y = 1 - \mathrm{j}\frac{\sigma_y}{\omega\varepsilon_0} \tag{11.20}$$

$$s_z = 1 - \mathrm{j}\frac{\sigma_z}{\omega\varepsilon_0} \tag{11.21}$$

但是，为了保证没有反射，需要将包围目标的区域分类，不同类别区域有着不同的复延拓形式。以图 11.1 为例，在没有吸收层区域，$\sigma_x = \sigma_y = \sigma_z = 0$。在面 PML_x 区域，只有 $\sigma_x \neq 0$，$\sigma_y = \sigma_z = 0$；类似地，在面 PML_y 区域，只有 $\sigma_y \neq 0$，$\sigma_x = \sigma_z = 0$；在面 PML_z 区域，只有 $\sigma_z \neq 0$，$\sigma_x = \sigma_y = 0$。至于在边棱区域 PML_{xy} 等，σ_x，σ_y，σ_z 中只有一个为零；或角区域 PML_{xyz}，σ_x，σ_y，σ_z 都不为零。

第 8 章已经显示了复变函数理论的力量，本章再次展示了在复空间中观察麦克斯韦方程所获得的奇妙结果。将麦克斯韦方程从实空间延拓到复空间，然后利用矢量恒等式再将复空间麦克斯韦方程转回实空间麦克斯韦方程，就自然设计出没有反射、完全匹配的吸收介质，这在实空间很难设计得到。这再次表明从复空间看问题，往往能站得高，看得远。

附录A　平面波的球面波展开式证明

设平面波可用球面波函数系表示成如下形式:

$$e^{jr\cos\theta} = \sum_{n=0}^{\infty} a_n j_n(r) P_n(\cos\theta) \tag{A.1}$$

将上式两边同乘 $P_n(\cos\theta)\sin\theta$, 并对 θ 从 0 到 π 作积分。根据 Legendre 多项式 $P_n(\cos\theta)$ 的正交性可得

$$\int_0^{\pi} e^{jr\cos\theta} P_n(\cos\theta)\sin\theta d\theta = \frac{2a_n}{2n+1} j_n(r) \tag{A.2}$$

因为在 r 很小时, 有下列近似表达式:

$$j_n(r) \approx \frac{2^n n!}{(2n+1)!} r^n \tag{A.3}$$

所以, 将式 (A.3) 代入式 (A.2) 可得

$$\int_0^{\pi} e^{jr\cos\theta} P_n(\cos\theta)\sin\theta d\theta \approx \frac{2a_n}{2n+1} \frac{2^n n!}{(2n+1)!} r^n \tag{A.4}$$

将式 (A.4) 两边先对 r 求 n 次导数, 然后求 r 趋近于 0 的极限, 得

$$\int_0^{\pi} j^n \cos^n\theta P_n(\cos\theta)\sin\theta d\theta \approx \frac{2a_n}{2n+1} \frac{2^n (n!)^2}{(2n+1)!} \tag{A.5}$$

令 $x = \cos\theta$, 则式 (A.5) 左边变为

$$\int_0^{\pi} j^n \cos^n\theta P_n(\cos\theta)\sin\theta d\theta = j^n \int_{-1}^{1} x^n P_n(x) dx \tag{A.6}$$

因为

$$P_n(x) = \frac{1}{2^n n!} \frac{d^n}{dx^n} (x^2-1)^n \tag{A.7}$$

所以 $P_n(x)$ 是一个关于 x 的 n 次多项式，且其最高项 x^n 前的系数为 $(2n)!/(2^n(n!)^2)$。依据 Legendre 多项式的完备正交性，式 (A.6) 右边被积函数中的 x^n 可以表示成

$$x^n = \frac{2^n(n!)^2}{(2n)!}P_n(x) - f(x) \tag{A.8}$$

其中，$f(x)$ 是一个次数小于 n 的 Legendre 多项式的线性组合。将式 (A.8) 代入式 (A.6)，且利用 Legendre 多项式的正交性，得

$$\int_0^\pi j^n \cos^n\theta P_n(\cos\theta)\sin\theta d\theta = j^n\frac{2^n(n!)^2}{(2n)!}\frac{2}{2n+1} \tag{A.9}$$

比较式 (A.5) 和式 (A.9)，可知

$$a_n = j^n(2n+1) \tag{A.10}$$

附录B 鞍 点 法

考虑下面积分式：

$$I\left(\Omega\right) = \int_c f\left(z\right) \mathrm{e}^{\Omega g(z)} \mathrm{d}z \tag{B.1}$$

式中，z 为复变量，$f\left(z\right), g\left(z\right)$ 均为复变量 z 的解析函数，Ω 为很大的实数，积分路径的两个端点位于无穷远处。

所谓鞍点就是使 $g\left(z\right)$ 在复平面中导数为零的点。下面讨论解析函数 $g\left(z\right)$ 在鞍点 z_s 附近的变化特性。

设复变量 $z = x + \mathrm{j}y$，则解析函数 $g\left(z\right)$ 可表示成

$$g\left(z\right) = u\left(x, y\right) + \mathrm{j}v\left(x, y\right) \tag{B.2}$$

因为 $g'\left(z_s\right) = 0$，所以 z_s 为 $u\left(x, y\right), v\left(x, y\right)$ 的极值点。又 $g\left(z\right)$ 为解析函数，故 $u\left(x, y\right), v\left(x, y\right)$ 为调和函数，即

$$\frac{\partial^2 u}{\partial x^2} = -\frac{\partial^2 u}{\partial y^2} \tag{B.3}$$

$$\frac{\partial^2 v}{\partial x^2} = -\frac{\partial^2 v}{\partial y^2} \tag{B.4}$$

由式 (B.3) 可知，若空间曲面 $u\left(x, y\right)$ 沿 x 方向为极大值，那么沿 y 方向就为极小值。同理，空间曲面 $v\left(x, y\right)$ 也是如此。所以不论是实部，还是虚部，曲面在鞍点附近的变化如图 B.1 所示，故称 z_s 为鞍点。

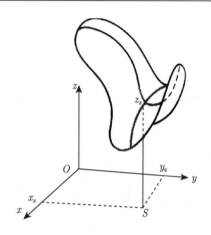

图 B.1　鞍点

又根据柯西–黎曼方程，可得下面关系：

$$\nabla u \cdot \nabla v = 0 \tag{B.5}$$

由此可见，函数 u 的梯度方向与函数 v 的梯度方向垂直。因此函数 u 变化最快的路径一定是函数 v 的等值线；反之，函数 v 变化最快的路径一定是函数 u 的等值线。

为了便于计算，将复变量 z 按下式变换为复变量 s，即

$$g(z) = g(z_s) - s^2 = \tau(s) \tag{B.6}$$

由式 (B.6) 可知，在鞍点 z_s 处，$s = 0$。故在 s 平面内，解析函数 τ 的鞍点在原点 $s = 0$。令 $s = s_{\mathrm{r}} + \mathrm{j}s_{\mathrm{i}}$，则

$$u = u(z_s) - (s_{\mathrm{r}}^2 - s_{\mathrm{i}}^2) \tag{B.7}$$

$$v = v(z_s) - 2s_{\mathrm{r}}s_{\mathrm{i}} \tag{B.8}$$

在复平面 s 上，u 和 v 的变化如图 B.2 所示。当 s 的实部或虚部为零时，v 为常数，即 v 的等值线，这意味着就是 u 的最速变化线。由式 (B.7)

可知，当虚部 $s_i=0$，实部 s_r 绝对值增加时，u 值下降；当实部 $s_r=0$ 时，虚部 s_i 绝对值增加时，u 值上升，故复平面 s 上实轴对应最速下降线，虚轴对应最速上升线。

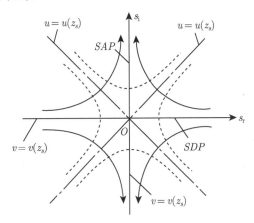

图 B.2　复平面 s 上 u 和 v 的变化特性

将式 (B.6) 代入式 (B.1)，得

$$I\left(\Omega\right)=\mathrm{e}^{\Omega g(z_s)}\int_{c}F\left(s\right)\mathrm{e}^{-\Omega s^2}\mathrm{d}s \tag{B.9}$$

其中，

$$F\left(s\right)=f\left(z\right)\frac{\mathrm{d}z}{\mathrm{d}s} \tag{B.10}$$

彩　　图

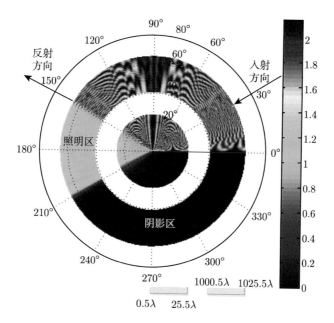

图 8.6　导体半平面衍射问题解的电场强度分布图